U0256154

The Switch

Ignite Your Metabolism with
Intermittent Fasting, Protein Cycling, and Keto

健康基因的开关

[美] 詹姆斯·克莱门特
(James W. Clement)

[美] 克里斯廷·洛伯格
（Kristin Loberg）

著

/

何文忠　吴芳芳　王海伦

译

中信出版集团 | 北京

图书在版编目（CIP）数据

健康基因的开关 /（美）詹姆斯·克莱门特，（美）克里斯廷·洛伯格著；何文忠，吴芳芳，王海伦译. -- 北京：中信出版社，2022.5

书名原文：The Switch: Ignite Your Metabolism with Intermittent Fasting, Protein Cycling, and Keto

ISBN 978-7-5217-3608-3

Ⅰ.①健… Ⅱ.①詹… ②克… ③何… ④吴… ⑤王… Ⅲ.①基因－普及读物 Ⅳ.① Q343.1-49

中国版本图书馆 CIP 数据核字（2021）第 192160 号

健康基因的开关

著者：　　　［美］詹姆斯·克莱门特　［美］克里斯廷·洛伯格
译者：　　　何文忠　吴芳芳　王海伦
出版发行：中信出版集团股份有限公司
　　　　　（北京市朝阳区惠新东街甲 4 号富盛大厦 2 座　邮编　100029）
承印者：　　唐山楠萍印务有限公司

开本：880mm×1230mm　1/32　　　印张：8.25　　　字数：200 千字
版次：2022 年 5 月第 1 版　　　　印次：2022 年 5 月第 1 次印刷
京权图字：01-2020-3451　　　　　书号：ISBN 978-7-5217-3608-3
定价：59.00 元

詹姆斯·克莱门特是科学界难得的开拓者。在思考健康的方式以及如何避免身体衰老和疾病方面,《健康基因的开关》为我们提供了范式转变。这本书值得一读。

——马克·海曼,

《纽约时报》畅销书《食物:我该烹饪些什么?》

(*Food: What the Heck Should I Cook?*)作者

有一种简单的方法可以使你的细胞更强大、更年轻。詹姆斯·克莱门特运用科学技术破解了密码,使我们所有人都能保持年轻。请阅读《健康基因的开关》这本书!

——戴夫·阿斯普雷,

《纽约时报》畅销书《防弹饮食》(*The Bulletproof Diet*)作者

《健康基因的开关》是了解有关衰老和延年益寿科学的全面而有趣的书。克莱门特向我们呈现了他多年的研究精华，并给我们提供了实用指南，以帮助人体保持恢复自我活力的能力，从而享有更长寿、更健康的生命。

——特拉维斯·克里斯托弗森，

《穿越真相》（*Tripping over the Truth*）和《可治愈》（*Curable*）作者

《健康基因的开关》是 21 世纪突破性的抗衰老著作！它解释了影响衰老的两个重要过程，并展示了如何帮助自己确定何时让哪个过程占主导地位。

——迪克·皮尔逊，

畅销书《延年益寿：一种实用的科学方法》

（*Life Extension: A Practical Scientific Approach*）的合著者

对健康和长寿感兴趣的人都应该读一读这本书。

——史蒂夫·霍瓦特博士，

加州大学洛杉矶分校人类遗传学和生物统计学教授

感谢迪克·皮尔逊和桑迪·肖，他们出版于20世纪80年代初的《延年益寿：一种实用的科学方法》一书，以及他们二人的相关通信记录启迪了我对这一领域的研究。

还要感谢乔治·丘奇教授和戴维·辛克莱教授，是他们激励我将有关自噬的科学笔记变成一本通俗读物。

目　录

我的整个职业生涯都在从事生物学研究，专注于研究人类基因组，即人类细胞中携带的遗传信息，或者说是DNA（脱氧核糖核酸），DNA也是人体的说明书。过去人类基因组被称为"神秘的密码"，我的任务就是，不仅要研究这种神秘的密码是如何运作、如何与我们的环境相互作用的，还要研究如何利用其功能来改善人们的生活，从而让人们延年益寿。在我的人生中，人类基因组领域的研究飞速发展。尤其是过去10年间，随着较为先进的DNA测序技术和基因编辑工具的出现，人们不仅能够深入研究人体基因，治疗和预防健康问题的方式也随之改变。的确，我们正处于崭新的医学时代，每一天，甚至是每个小时，各种研究层出不穷。这些研究为人体信息库注入了新的见解，也有助于战胜衰老。

近来，一项称为"自噬"的发现奇妙又有趣。尽管科学界致力于研究该生物活动数十年，但直到2016年才对其有了清晰的认知。日本分子细胞生物学家大隅良典因在细胞自噬机制方面的发现获得了诺贝尔奖。自噬的字面意思是"自己吃自己"，但你读完这本书后就会发现，它并没有听上去那么可怕。自噬仅仅指的是人体为避免疾病和机能障碍而进行的零件回收和更新的自然方式。这个过程在生命遗传密码中存在了数十亿年，甚至早于人类的出现。我们每个人身体中的自噬机制都会正常运转，除了此书作者詹姆斯·克莱门特，我想不出还有谁更有资格告知你这条重要信息。在这本书中，你不仅能了解到有关自噬的所有知识，还能了解到如何充分利用人体机能来修复细胞，甚至修复 DNA。

我第一次见到詹姆斯是在 2009 年 6 月，当时我在波士顿的哈佛俱乐部为他解读了他的基因组（通过我参与创立的第一家直接面向消费者的全基因组测序公司 Knome）。后来，他将自己的基因组捐赠给了由我担任首席研究员的哈佛个人基因组计划。我在 2005 年参与启动了个人基因组计划，该计划的目标是创建一个人类基因组信息库，以推进个人基因组学和个性化医学的研究。借此，我们希望科学家们可以将人类遗传信息与人类特征信息和环境接触联系起来。詹姆斯是该项目非常早期的支持者，也是世界上第十二个提供全基因组进行测序的人。对于他竭尽所能学习人类生物学知识，致力于推动人类延年益寿的事业，我十分赞赏。我了解到，在此之前他做过税务律师，后来还当过小型酿酒厂的老板兼酿酒师，但是我能感受到他在生物学研究中找到了自己的使命。对那些来自不同背景、有着特殊专长的创新聪慧人才，若他们投身科学，我向来不吝支持。

2010 年，詹姆斯向我提出一个颇具争议的问题：我们可以通过基因编辑自己的干细胞来迭代改善它们从而延长寿命吗？我告诉他，这个想法不错，但是我们并不知道究竟哪些基因可以使我们更长寿、更健康。几个月后，他又提出了一个让我无法抗拒的想法，这个想法围绕另一个有趣的问题：我们可以从那些非常健康的 100~110 岁的人的全基因组中了解到什么？（我们最终以 106 岁及以上的人作为研究对象。）我成为首个加入超百岁老人研究项目科学顾问委员会的人，后来帮助招募了其他顾问来指导詹姆斯的研究。我还安排了由我参与创立的奕真生物公司（Veritas Genetics）对其采集的最后 35 个样本进行无偿全基因组测序。急于求索的詹姆斯说服了我和他的投资者向全世界相关研究者免费提供这些基因组。迄今为止，他已经与十几家世界一流机构开展了合作，这些机构正在运用其提供的数据组合对健康衰老研究提供有价值的见解。受詹姆斯这种非营利模式的影响，该项目还催生了许多其他研究项目。我也参与了一些项目，包括研究如何从根本上延长人的寿命或者使其更健康，终结人类疾病，提升人类认知和福祉，以及升级对于我们来说重要的生物学功能等。

即使人们没有具备遗传优势，詹姆斯仍旧坚持教导他们如何才能健康长寿，这让我非常激动。多年来我一直鼓励詹姆斯为普通人及其医生撰写一本有关自噬知识的书，以便他们进行讨论和学习。就在这本实用的书中，他解读了循环激活自噬和雷帕霉素机制靶蛋白这两个非常重要的细胞过程，并分享了其关于减缓衰老以及有可能逆转衰老的见解。这是目前已知的最佳抗衰老"开关"，并已存在于你的身体之中。这本书讲的就是如何开启，以及何时关闭这一开关，内容引人入胜。这种科普策略不仅简单易懂，还非常划算。

作为为数不多的能急我所急的研究员之一，詹姆斯也希望尽快研究成功，帮助人类减少病痛，实现人类健康长寿的愿望。他快 60 岁时，超百岁老人研究项目已经开展了几年时间。他就自己是否要抽时间去攻读博士学位，以充实自己的基础知识，从而成为一名优秀的科学家而征求我的建议。我告诉他，他投身的正是大多数研究生都想要参加的项目。他还竭尽所能每天阅读大量的科研论文。最重要的是，学位无法造就科学家，科研论文经同行评议得以发表，才能造就科学家。他听取了我的建议继续其研究。此后他又涉足了抗衰老研究的其他领域，与他人合作发表了越来越多的科研论文，并如我预想的那样成了一名优秀的科学家。

我认为《健康基因的开关》这本书让复杂的生物学简单易懂，内容引人入胜。相信读完此书后，你将学到更多有关自身的知识，也有可能像詹姆斯和我一样爱上生物学。自噬是人体健康的"密码"之一，我们越好好地利用它，生活就会越美好。

乔治·丘奇
哈佛大学遗传学教授

引　言

人生的悲剧就在于我们衰老得太早而又聪明得太晚。

——本杰明·富兰克林

几年前，医学界的突破悄然出现。这在主流科学界引起了巨大轰动，但不知为何却对外界保持缄默。让我先问你一个问题：你认为健康、长寿的秘诀是什么？我猜想，你会想到血糖平衡、体重健康和体格良好。这些都是合理目标，但它们只是引出重要的抗衰老过程的一种手段，而不是要点，真正的要点是自噬。自噬是人体从细胞中去除并回收危险的或受损的细胞器[①]、颗粒以及病原体[②]的方式，从而增强人体的免疫系统，大大降低人们罹患癌症、心脏病、慢性炎症、骨关节炎，以及抑郁症、阿尔茨海默病等神经系统疾病的风险。当细胞内某种名为雷帕霉素机制靶蛋白的复合物关闭时，可以触发自噬开关。因此，我将雷帕霉素机制靶蛋白复合物称为"基因开关"。

---

① 活细胞内任何有组织或特定功能的结构。
② 可能引起疾病的细菌性微生物。

你的身体由数万亿个细胞①组成，其中大多数由类似的结构组成，并进行相似的活动。这些结构不仅与你体内的其他细胞相似，与我们星球上所有其他动物的细胞也极其相似，并且与我们从其进化而来的细菌大同小异。细胞恒久地进行多种化学反应，以保持其健康存活，从而让你活着。这些化学反应之间存在重要关联，通常通过各种途径相互联系。细胞内部发生的全部反应，统称为细胞的新陈代谢。雷帕霉素机制靶蛋白复合物就是几乎在每个细胞中都存在的一种通路。实际上，人类已知的保持健康长寿的所有方法之所以会产生效果，都是因为它们会抑制这种转换。本书将详细介绍各种干预措施（有的你可能听说过，有的你可能还不知道）如何作用于此通路，如何最终调节这一重要的开关，以及如何定期启动自噬。

我们可以将此开关想象为灯光的调节器：将开关往一头拨会增强亮度，往另一头拨则会减弱亮度。尽管人类进化的结果是使这种生物开关在生长（雷帕霉素机制靶蛋白）和修复（自噬，有时修复时间较长）之间逐渐来回移动，但现代人类的生活方式使它不断地朝着生长方向转变，几乎不会往修复方向移动。当开关处于生长阶段时，细胞垃圾车就停了下来，细胞清理生物碎片（错误折叠的蛋白质、病原体和失调的功能性细胞器）的能力就下降了。自噬的英文"autophagy"在希腊语中表示"自己吃自己"，指大多数细胞内部强大的自我清洁开关。这个重要的内部降解系统在几十年前便有记载，但仅在过去的几年中，我们才弄清楚它是如何工作以及为什么

① 关于正常人体内到底有多少个细胞，科学家们仍在争论不休。尽管这仍然是个未解之谜，但大多数人都同意这一数是30万亿~40万亿，这还不包括我们体内和体表的细菌。

起作用的。2016 年，东京工业大学的分子细胞生物学家大隅良典博士因研究出人体内的自噬机制而获得了诺贝尔生理学或医学奖。其成果揭示了孤独症机制，并引出了一种新的医学范式，该范式被誉为 21 世纪的发现。

21世纪的悖论

如果你已年满 25 岁，那么我有一个不幸的消息要告诉你：从科学角度来说，你正在"衰老"。这并不是说你从出生那天到 25 岁之间就没有变老，而是说，某些活动在你出生 25 年后发生了变化，使你按照自然规律，进入了人生弧线中不可避免的下降阶段。比如，你的细胞过程发生了变化，生长激素发生了改变（毕竟，你不会再长高，鞋码也不再变大），新陈代谢下降，大脑接近其最终结构，肌肉和骨骼质量达到顶峰。你的身体或许出现了一些外在表现，比如有了第一道皱纹，因熬夜而导致面容暗淡无光，比高中时重了 10磅 ①，没来由地感到没精神或失眠，其实内在根源早已慢慢形成。即使它们看起来好像是一夜之间出现的，但事实上并非如此。

现在，我们对个人健康的研究颇丰，得益于分析和诊断技术的迅速发展，人们对人体健康的科学认识不断提高。20 世纪所使用的化学、分子和光学仪器十分粗糙且昂贵；但在 21 世纪，此类仪器已变得高度精确且价格合理。我拥有一个设备齐全的实验室，这些设

---

①　1磅≈0.45千克。——编者注

备在几十年前是闻所未闻的。生物学和医学领域发表的优质研究性论文正以指数级速度增长。我们正步入控制疾病风险和寿命的新时代。科学家对人体内部活动的了解迅速增加。多半这种重要的新信息会影响我们的生活方式和医疗保健决策，但是相关政府官员和医生却对此一无所知。了解这些知识能帮助我们做出正确选择。尽管现在的医疗水平提高了，但我们经常摄入不健康的食物，并且健康活动水平不断下降。其实这些与衰老有关的疾病在很大程度上是可以通过改变饮食和生活方式，以及使用革命性药物和某些补充剂来预防的。

2019 年，最负盛名的医学期刊之一《柳叶刀》发表了一项令人震惊的研究，指出当时全球有 1/5 的死亡是由不健康的饮食引发的。[1]其主要原因并非人们无法获得富含营养的食物，而是人们摄入了过多的糖类、盐类和肉类，这些物质会诱发心脏病、癌症、糖尿病和阿尔茨海默病等，这些是 21 世纪的主要疾病。这意味着每年有 1 100 万人因摄入不正确的食物而过早死亡。饮食选择不当造成的死亡比吸烟或高血压造成的死亡多得多。该研究甚至考虑了年龄、性别、居住国家和社会经济状况。纵使生活环境、条件大相径庭，但人们都会受到不良饮食习惯的影响，不当饮食已成为当今世界引发慢性病的主要原因。鉴于我们早已脱离外出觅食的原始时代，这是一个可耻的事实。

这项研究由北卡罗来纳大学教堂山分校的吉林斯全球公共卫生学院领导，研究确定了代谢健康的美国人所占的百分比。[2]代谢健康的定义为，在无药物帮助下五个参数——血糖、甘油三酸酯（血液脂肪）、高密度脂蛋白（HDL）胆固醇、血压和腰围——达到理想水平。该研究从美国国家健康与营养调查中收集数据，包含美国 2009—2016 年 8 721 人的数据。其目的是确定有多少成年人处于慢性病的低风险或高风险中。根据复杂的计算，研究结果显示只有 12.2% 的美国人处于理想的健康代谢状态，但鉴于代谢状态完全在人类的可控范围之内，这是另一个可耻的事实。

摧毁人类健康的不仅仅是食物种类不正确，还有食物的摄入量已远远超过人体所需要的量。如今，食物往往为了让顾客过度消费而被精心设计。我们已经吃得太多，却又营养不良了。这是一种现代悖论。由于人们可以轻松获得许许多多营养丰富的天然食品，加上先进的耕作和分销方式，我们理应可以享受到比以往任何时候都更加健康的饮食，例如，我们可以常年购买新鲜水果和蔬菜。但现在的情况却是，我们的饮食变得不那么健康，并且热量非常高。我曾看到有人点了一盘松软的乳酪煎饼，煎饼上洒了很多糖浆（用玉米糖浆制成），并且还配有培根，之后又点了芝士比萨，这让我很痛心。是的，我目睹了这一切，这种食物在我眼里只是一盘会让人患上心脏病和糖尿病的甜点。我们应该吃得更健康。

人们对饮食健康问题存在极大的困惑，这让试图改善腰围、变得更健康的人们产生了极大的焦虑感。只要看看低碳水化合物和低脂食物，或素食主义者和肉食主义者之间的争论，便可见一斑。媒体发布的混杂信息，以及食品制造商的可疑主张，使我们感到震惊。令我难以置信的是，营养问题已成为两极分化和政治化的话题。食物理应是欢乐和营养的来源，而不是恐惧和疾病的出处。人们很少会考虑饮食习惯与罹患某些疾病的风险之间是否存在某种联系。我们很清楚吸烟会导致肺癌，但是不明白食用过多的苏打、百吉饼或芝士汉堡会增加我们罹患阿尔茨海默病、心脏病或结肠癌的概率。两者的关联不是很明显。

现代食品加工业和误导性的市场营销使美国人罹患疾病的风险逐渐增加。但好消息是，我们可以改变。

自命的公民科学家

我成长于 20 世纪六七十年代，是典型的中西部科学呆子（尤其了解太空和脑科学）。在大学期间，我主修政治学和心理学（主攻神经生理学）。大二的时候，我与一名神经生理学家一起完成了一个项目，基于该项目，我作为共同作者在《科学》杂志上发表了论文。毕业后，我为密苏里州参议院临时参议长工作了一年，然后考上了法学院。在加州大学旧金山分校黑斯廷斯法学院学习的最后一年，我读了迪克·皮尔逊和桑迪·肖的《延年益寿：一种实用的科学方法》并大受启发。我妻子当时还是法学院的学生，她劝说我打消了转行成为分子生物学家的念头。但是这个野心在接下来的 20 年里，一直在我心中熊熊燃烧。经过多年的法律实践，我开始经营各种业务（包括在纽约州伊萨卡市康奈尔大学校园附近经营一家标志性酿酒厂），然后终于找回了那个梦想。

21 世纪初，我参与了新兴的延寿运动。我自愿参加了一些研究长寿问题的组织，后来又成立了世界超人协会，该组织致力于通过技术辅助来克服人类的生理缺陷。我与我的好朋友丹·斯托伊切斯库共同创立了《h+》杂志，并与编辑 R. U. 西留斯在接下来的几年里一起经营该杂志。（斯托伊切斯库拥有医学化学博士学位，是世界上第二个购买自己遗传密码完整序列的人，并在当时支付了 35 万美元的高价。）在丹的鼓励和支持下，2008 年和 2009 年的大部分时间里，我忙着参加生物技术和医学会议，参观了从事干细胞研究、克隆和基因治疗的实验室，并阅读了与健康长寿相关的各个领域的科学论文。我被迷住了。

2009 年 11 月，我参加了奇点大学的首个高管计划，这是由彼得·迪亚曼迪斯和雷·库兹韦尔共同创立的，被誉为面向未来的硅谷商业孵化器，旨在利用所谓指数技术来解决世界的问题。指数技术是指那些正在迅速发展，并塑造主要产业和我们生活的各个方面的技术，包括人工智能、增强现实、虚拟现实、大数据科学、医学、机器人技术、自动驾驶汽车等。迪亚曼迪斯和库兹韦尔鼓励学生们思考如何在他们选择的任何项目上帮助十亿人。当时我就决定，把将来所有的努力都集中在延长人类的健康寿命上。

2010 年初，我开始进行超百岁老人研究，研究 106 岁及以上的老人如何避免威胁生命的疾病，例如癌症、心脏病和神经退行性疾病。我得到了顶尖科学家的支持，包括哈佛医学院的乔治·丘奇，以及利物浦大学的若奥·佩德罗·德马加良斯，德马加良斯还继续担任我的非营利性医学研究组织的科学顾问。在接下来的几年中，我和同事环游北美和欧洲，收集了 60 多位 106 岁及以上老人的血液样本。

从 2009 年 12 月开始，我开始每天阅读 5~10 篇与衰老生物学相关的科学论文。到 2019 年 6 月，我已经阅读了超过 1.8 万篇此类论文。2013 年，我决定深入研究限制性饮食（热量和蛋白质）、禁食（间歇和长期）和生酮（碳水化合物含量非常低）饮食，并开始了自我实验。我想弄明白两个问题：是什么促成了这些饮食的有益效果？这三种做法是否通过相似或不同的机制改善了健康，延长了寿命？

本书试图回答这些问题，因为研读了与这些研究相关的 500 篇论文后，我意识到称为雷帕霉素机制靶蛋白的细胞内复合物，以及在其被抑制时自发启动的自噬过程，可能是人类健康长寿的秘密。正如我发现的那样，改变这种新陈代谢转换的方向是热量限制、间歇性禁食和低碳水化合物饮食，它们对延长寿命大有裨益。我研读了另外 500 篇论文，试图找出这个假设的漏洞。2013 年 12 月，我将自己的发现提交给导师，他们是哈佛医学院遗传学教授乔治·丘奇博士以及他的朋友——著名教授戴维·辛克莱博士。他们都认同我的发现，并鼓励我进行尽可能深入的研究。戴维便是鼓励我写下本书的人。

在本书中，我将向科学家、医学专业人士以及公众分享我的研究成果。同时，有关雷帕霉素机制靶蛋白和自噬的文献激增，使我很快沉迷于研究，继续追随根本性生命延长之路。（顺便说一句：我是哈佛个人基因组计划的参与者，编号 145，个人基因组身份号为 hu82E689。如果你有兴趣，可以在 https://my.pgp-hms.org/profile/hu82E689 上下载我的完整基因组、突变和健康数据。让我享受一下吹牛的权利：在 2010 年初，我是世界上第十二个对自己整个基因组进行测序的人。）

我目前经营着一个名为"更好人类"（官网地址 https://betterhumans. org）的 501（c）（3）类非营利性医学研究组织，此组织致力于研究如何延长人类健康寿命和降低疾病风险。我还担任多个人体临床试验的主要研究人员，所有试验均获得了机构审查委员会的批准，我也管理着个人实验室，该实验室从事广泛的抗衰老实验和基础研究。自从致力于研究延长寿命以来，通过与哈佛大学、耶鲁大学、斯克里普斯研究所、加州大学洛杉矶分校、新南威尔士大学、西奈山伊坎医学院、普林斯顿大学和得克萨斯大学西南医学中心等世界知名机构的科学家合作，我的项目数量猛增。

我相信最新的医学发展将带来革命性的寿命延长效果（健康寿命超过 100 年），我想尽快达成目标，以便我的父母（80 多岁）、老年朋友，甚至我遇到的奇妙而充满活力的百岁老人和超百岁老人，都将有机会健健康康地活得更长（像他们 30 多岁时一样健康）。

毫无疑问，这项技术将改变社会，而且我全然不相信（有一部分人所认为的）未来社会将是一个马尔萨斯式的反乌托邦。

我也想接触年青一代。三四十岁的人们可能处于痴呆、癌症和心脏病的发展初期，他们的医生或他们自己可能要几年甚至数十年后才会有所察觉。有了适当的生活方式，50 多岁的人可以健康地生活到七八十岁，并且自我感觉良好，就好像还有半个世纪的时间。以前，人们认为寿命长短只有 65%~75% 与生活方式有关，其余的都与遗传因素有关。然而，较新的研究将这一比例提高到 90% 以上。[3] 对于大多数人（不幸没能继承超百岁基因的人）来说，这是一件好事，因为这意味着如果我们对健康长寿充满渴望，并能够做到自律，那么延长寿命便在我们的可控范围之内。

如今，生活在美国的人中，只有不到 50% 能活到平均寿命 82 岁，其中 2/3 的人死于癌症或心脏病。许多 82 岁以上的"幸运儿"罹患肌肉减少症（肌肉组织流失）、骨质疏松症（骨密度缺失）、高血压、痴呆、帕金森病或阿尔茨海默病，但情况可以改变。在世界上许多"原始"地区，包括现代化国家的小区域，癌症、心脏病和阿尔茨海默病仍然很少见。在这些"长寿绿洲"中，100 岁及以上的人口是美国的 3 倍之多，并且他们的记忆力和健康状况优于美国同龄老人。要说本书的使命是弥合这种差异，让饱受"文明病"折磨的人们恢复健康和长寿，这是有些保守的说法。

现在，世界各地正基于本书的主题，进行多项临床试验：如何利用细胞自噬功能来延长不携带超百岁基因人群的寿命，自噬过程本应该每天都在你的体内进行着，但有可能多年来一直处于休眠状态。本书将向你展示如何重新开启自噬。

内容概述

我将阐释 20 世纪 70 年代从麦吉尔大学到遥远的复活节岛的加拿大研究之旅如何为这一重要的细胞开关提供了最初的线索。我将展示有关酵母、蠕虫和果蝇的科学研究，以此揭示自噬对于热量限制、间歇性禁食和运动为人体带来的健康长寿是多么重要。你将了解到，转基因小鼠品系和携带罕见突变基因的人类（两者具有相同的自我清洁开关）如何免受癌症、心脏病、糖尿病和神经系统疾病的侵害。书中还将说明为什么营养科学尚未利用这些有价值的数据，以及为什么官方要投入资金继续推荐无法保持人类身体健康的饮食。（即便是流行的旧石器时代饮食，又称古饮食 ① 和纯素食主义饮食，也是有缺陷的，原因都在书中。）本书每章都将详述该生物现象的某一部分，希望我的描写能引人入胜。

在本书的最后，我将为你提供一个总体框架，你可以遵循这个框架，把所有想法变为实际行动。有的时候，你可能不希望自噬发生得过于频繁，我将在书中解释原因。框架中的策略仅仅是为了模仿动物（包括人类）在自然环境中生活时所经历的自然过程。现代农业、食品保存技术和便利性反而导致了衰老加速，因为人们可获取不限量且极易消化的食物，尤其是糖（包括高果糖玉米糖浆）、简单的碳水化合物、谷物喂养的肉类（富含不良脂肪）和多种乳制品（带有会使开关朝生长方向发展的蛋白质）。我也会提及我们的饮食中严重缺乏纤维，会影响人体消化系统和微生物群的健康。肠道在新陈代谢和患病风险中起着极其重要的作用。本书中的信息旨在帮助人们扭转衰老的趋势，并使人体回到更自然的损耗和细胞运动轨道，从而保持基因开关（雷帕霉素机制靶蛋白和自噬）的平衡，并预防与衰老相关的疾病。这些疾病在数百年前实属罕见，但是现在却很普遍。

尽管在这个新兴领域仍有很多东西尚待探索，特别是在如何刺

---

① 旧石器时代的饮食，或模仿人类进化时期(从260万年前到大约12 000年前的农业曙光)进食的饮食，通常简称为古饮食。接下来，我将在书中统称为古饮食。

激和优化该细胞活动方面，但欣慰的是，科学家已然发现的成果会对你有所帮助。本书所提供的建议包括有关营养、药物、维生素和补充剂以及大体生活方式的选择，还有该做什么和不该做什么。其中一些建议可能会让你大为吃惊。谁知道少量摄入某种毒素会对人体有益，又有哪种坚果真的像吹捧的那般健康？谁知道如今流行的古饮食、狩猎采集者饮食法可能会使你面临高血糖、体重增加、骨质减少、肾脏衰竭和癌变的风险？

　　我同该领域的众多研究员一样，相信控制该基因开关的机制是现代医学中最重要的发现之一。将这些知识应用到日常生活习惯中，可以帮助人们避免罹患不良生活方式带来的疾病，"校正死亡率曲线"①。我希望，通过研究这一鲜为人知的细胞活动，能鼓励医生对患者进行指导，将这些信息纳入他们对患者的建议和治疗方案中。我希望通过让更多人关注这一狭窄领域，能吸引更多科学家来研究这种生物机制如何参与和影响其自身的研究实验，并刺激政府和更多人投入资金来进行进一步的研究。

---

① "校正死亡率曲线"意味着你的发病风险随着年龄的增长而保持较低水平，而不是随着年龄的增长你的身体变得越来越虚弱。你的身体将一直维持健康状态，直到死亡前的一小段时间。这就是许多位超百岁老人所经历的死亡。

第一章

复活节岛和移植病人

我第一次想到基因开关这一概念时，正在阅读加州大学河滨分校斯蒂芬·斯宾德勒教授的一篇论文，该论文探讨了热量限制如何预防小鼠得癌症。[1]这大概是我在 2013 年研读的第五百篇关于热量限制、禁食、生酮和长寿的论文，因为那时候我沉迷于研究如何让我的父母活到 100 岁且避免患上糖尿病、心脏病、阿尔茨海默病等现代疾病。我在论文中看到了老生常谈的几点建议：避免食用精加工食品，尤其是含大量糖分、脂肪和盐类的食品；经常运动；保持好睡眠；不要抽烟；不要过度饮酒。但是我也看到了很多我闻所未闻的信息潜藏在科学文献中，它们都无可争辩、令人信服。信不信由你，有确凿证据表明，你可能会偏爱某几种坚果，摄入过多的蛋白质可能会对身体造成损害（某些特定的动物性蛋白质比其他蛋白质要差得多），少食多餐并不理想，某些维生素（例如维生素 E）会增加患癌风险，而千载难逢地抽一次雪茄可能真的会延年益寿！

　　看到这样的数据，我只想从细胞的角度更深入地了解人体的工作原理，以及保持年轻的方法。直到有一天，我终于找到了关键点。我的所有研究和我研读过的大量论文都直截了当地指向基因开关，它是机体中的一种单一机制，可以在开启某一细胞过程时关闭另一过程，反之亦然。从科学角度来讲，基因开关是一种名为mTOR的蛋白质复合物，这是雷帕霉素机制靶蛋白（mechanistic target of rapamycin）的简称（以前称为"哺乳动物雷帕霉素靶蛋白"）。我在本书的引言中提到过，雷帕霉素机制靶蛋白是几乎每个细胞（血细胞除外）都具有的开关，它可以激活细胞的自我清洁模式（自噬），从而消除体内可能引发癌症的有毒物质，也可以燃烧脂肪，使机体合成更多的蛋白质，储存尽可能多的能量（葡萄糖和脂肪），并生成更多细胞。（有时人体确实需要合成更多蛋白质，储存更多脂肪，并生成更多细胞，但不能永久停止细胞修复和自我清洁过程，具体见第九章。）如果上述物质的合成过程达到过高水平，可能就会引发疾病，然而现代的生活方式往往促进了合成过程。

清理废物和燃烧脂肪（自噬）

储存脂肪和生成肌肉（mTOR）

mTOR 中的 R 代表雷帕霉素，这是一种细菌产生的化合物。为了全面了解雷帕霉素机制靶蛋白，并更深入地了解细胞开关的概念，我们来回顾一下它的发现历史。这个侦探故事始于一项强大的发明——电子显微镜。

看见原本看不见的微观世界

20 世纪初，电子显微镜的发展促成了许多医学领域的范式转变。这在很大程度上得益于电磁透镜的出现。这些显微镜的放大倍率高达 1 000 万倍，人们可以使用电磁透镜对波长的 1 / 100 000 的电子束进行聚焦和定向。它们能帮助人类看到普通显微镜看不见的东西，例如细菌、病毒和微小的细胞结构。1955 年，比利时天主教鲁汶大学的科学家克里斯蒂安·德杜夫和佛蒙特大学医学院的科学家亚历克斯·诺维科夫，首次使用电子显微镜观测到细胞内的膜状屏障，该屏障可以隔离和消化化合物。德杜夫将该细胞器命名为溶酶体，意为"使物质解体"，以描述其消化特性，并于 1974 年因这一发现而获得了诺贝尔生理学或医学奖。

1961 年，纽约洛克菲勒研究所电子显微镜的先驱基思·波特博士和他的博士后学生托马斯·阿什福德，用电子显微镜观测了充满胰高血糖素的大鼠肝细胞。胰高血糖素是由胰腺分泌的一种激素，会促使肝脏产生葡萄糖并释放到血液中。波特和阿什福德被誉为最早观察到自噬的科学家，尽管科学界花费了几十年时间才得以了解自噬。

一种激素的故事

胰高血糖素是由在胰腺内的胰岛中的 α 细胞产生的。

通过低血糖浓度和运动，以及摄取蛋白质会刺激胰高血糖素的分泌，摄入碳水化合物会抑制胰高血糖素的分泌。

摄入食物，尤其是碳水化合物后，胰岛中的 β 细胞就会分泌胰岛素，其作用是降低血液中的葡萄糖水平，并促使葡萄糖储存在脂肪、肌肉、肝脏和其他身体组织中。

胰高血糖素是阴，胰岛素是阳。胰高血糖素强烈对抗胰岛素的作用，通过促进糖原分解（葡萄糖储存在肝脏、肌肉和脂肪细胞中的形式），并刺激在肝脏中的氨基酸和甘油产生葡萄糖（这个过程称为糖异生），来增加血液中葡萄糖的浓度。通过增加血液中葡萄糖的浓度，胰高血糖素在禁食和运动过程中维持血糖浓度方面起主要作用。

一旦进入血液中，胰腺产生的另一种激素，即胰岛素，会提醒细胞血液中存在葡萄糖，因此胰岛素依赖型细胞可以将葡萄糖带入细胞内，分解葡萄糖为其供能。这一过程发生在细胞的线粒体中。（线粒体是产生能量的重要细胞器，我稍后将详述。）胰岛素和胰高血糖素紧密相连，但其作用相反，血流中的葡萄糖含量是开启反应的决定性因素：葡萄糖含量太低，胰脏就会释放胰高血糖素以促进生成更多的葡萄糖；当血液中的葡萄糖含量达到足够高的水平时，胰脏就会释放胰岛素。阿什福德和波特借助电子显微镜观察到细胞降解或分解各个阶段的生物膜。他们还指出，当时的医学文献记载，胰高血糖素分解蛋白质的过程与之相同。次年，德杜夫在阅读了德国科学家的相关论文后（论文记载了其观察到细胞在受损或营养不足时，细胞器内含有细小的、专门的膜降解结构），创造了"自噬"一词来描述形成生物膜、隔离化合物并消化目标化合物的过程。

直到 10 年后，科学家才通过另一项发现阐明了涉及关闭细胞自噬的关键机制之一，即雷帕霉素机制靶蛋白，这是在一个只有 14 英里 [①] 长、7 英里宽的偏僻岛屿上偶然发现的。

基因开关的发现

复活节岛是一个小火山岛，位于南太平洋东部，被当地人称为拉帕努伊岛（意为"世界的中心"），岛上的原住民是波利尼西亚人，早在公元几百年前便在此定居。小岛距南美海岸 2 000 多英里，距最近的同样有波利尼西亚人定居的皮特凯恩岛 1 100 英里。19 世纪，著名的皇家海军舰队"邦蒂号"的叛乱分子便藏在皮特凯恩岛。复活节岛曾一度有超过 15 000 名原住民，但是在荷兰探险家雅各布·罗格文于 1722 年的复活节发现它时，岛上只剩下几千名波利尼西亚人。为了纪念这一日期，罗格文将该岛命名为"复活节岛"。现在，它已成为智利的世界遗产，以考古遗址而闻名，其中包括将近 900 个被称为"摩艾"的巨大石像，这些石像是在 13—16 世纪由当地居民建造的。

---

① 　1英里≈1.6公里。——编者注

　　1972 年，加拿大麦吉尔大学的研究人员在复活节岛上采集土壤样本，发现了吸水链霉菌。该细菌会分泌一种化合物，以阻止竞争性真菌的生长，并为其自身吸收尽可能多的营养。研究人员将其命名为"复合雷帕霉素"。雷帕霉素显示出与抗生素相似的作用，具有强大的抗细菌、抗真菌和免疫抑制作用。位于蒙特利尔的阿耶斯特研究实验室的苏伦·塞加尔博士，于同年分离了雷帕霉素，观测到该化合物具有抗癌作用。他将样品寄给美国国家癌症研究所。[2] 由于雷帕霉素在抑制多种癌细胞系繁殖方面表现出色，美国国家癌症研究所将其列为优先开发药物。

　　20 世纪 80 年代初期，实验室开始研究雷帕霉素，在接下来的 10 年中，大量相关科学论文问世。雷帕霉素对酵母、果蝇、蛔虫、真菌、植物以及哺乳动物的细胞生长具有抑制作用。（在戴维·萨巴蒂尼博士，以及他在约翰斯·霍普金斯大学医学院和纽约的纪念斯隆－凯特琳癌症中心的同事们的不懈努力下，终于在 1994 年发现了哺乳动物雷帕霉素靶蛋白。）[3] 在所有这些生物体中，抑制机制涉及与靶蛋白的结合，统称为"雷帕霉素靶蛋白"。简单地说，雷帕霉素与雷帕霉素靶蛋白的结合，就像钥匙插入锁孔一样，结合之后雷帕霉素靶蛋白的活性会降低。（注意：在接下来的讨论中，我将使用更精确的术语——雷帕霉素机制靶蛋白，该术语的英文缩写 mTOR 中的"m"代表"机械的"，因为这是文献中所提到的，也是我们主要讨论的雷帕霉素靶蛋白在人体中的运作方式。）

雷帕霉素的发现引出了雷帕霉素机制靶蛋白的问世，进而科学家们开始绘制出导致雷帕霉素机制靶蛋白活化或抑制的生物路径，以及由此产生的效果。观测到的一个现象是：当雷帕霉素机制靶蛋白被激活时，自噬被抑制；而当雷帕霉素机制靶蛋白被抑制时，自噬得到增强。这在某种意义上控制着细胞是处于合成代谢（生长）阶段，还是处于分解代谢（清理废物）阶段。我们可以将雷帕霉素机制靶蛋白看作细胞信号系统的中心枢纽，即细胞的命令和控制中心。人类经过 20 亿年的进化，雷帕霉素机制靶蛋白一直保存下来是有原因的：作为细胞生长和新陈代谢的主要调节剂，它是细胞内新陈代谢如何有序进行的秘密之一。雷帕霉素机制靶蛋白就是基因开关的本质。

如今，雷帕霉素已经应用于器官移植以防止出现排斥反应；它既是最热门的抗衰老药物之一，也是正处于研究阶段的抗癌药物。它可以延长在实验室接受测试的所有生物的寿命，此外，研究人员还在研究其对于降低罹患糖尿病、心脏病、神经退行性疾病风险的能力，以及减缓免疫系统衰退、延缓衰老的能力。我目前正在进行一系列临床试验，观察老年人长期间歇性（每周一次）使用雷帕霉素能否免受与衰老相关的疾病的侵害。世界各地的研究人员都正在研究该药物对人类生物学的积极用处。我们一起回顾一些关键性发现，尤其是在延长寿命方面的突破。

雷帕霉素和衰老

雷帕霉素对细胞过程的强大作用的发现始于一个谜。20 世纪 90 年代，美国得克萨斯大学圣安东尼奥健康科学中心的萨姆和安·巴肖普长寿与衰老研究所的药师泽尔顿·戴夫·夏普，对患有垂体性侏儒症这一特殊疾病的小鼠进行研究。这些小鼠的垂体存在缺陷，无法为正常发育提供足够的生长激素。[4] 然而，尽管侏儒小鼠在体形上比不过正常小鼠，但它们在寿命上扳回了一局，比正常小鼠活得更久。垂体缺陷和寿命长短有联系吗？导致动物体形异常小的遗传误差又如何异常延长寿命？

1996 年，由瑞士巴塞尔大学生物中心的分子生物学家迈克尔·霍尔领导的科学团队在酵母体内发现了一种新的生物路径，该路径受雷帕霉素靶蛋白控制。[5] 他们发现，当使用雷帕霉素来阻断酵母中的这些蛋白质时，其效果与酵母因营养不足而死亡时一样。酵母细胞比正常细胞寿命更长、体形更小。（霍尔博士在 2017 年获得了阿尔伯特·拉斯克基础医学研究奖。）霍尔的发现激发了夏普的科学灵感。他好奇雷帕霉素机制靶蛋白是不是"营养反应系统"，即饮食限制和生长因子限制之间是否存在关系（生长因子是刺激细胞增殖、分化、存活等功能的必要物质）。于是他预测：如果老鼠摄入雷帕霉素，它们的寿命会更长。矛盾由此而来：几十年来用于抑制免疫系统的药物如何能够延长寿命？

但夏普做出了成果，经过不懈努力，最终获得了大量数据以佐证这一深奥的难题。21 世纪初期，研究表明，雷帕霉素可以使蠕虫和果蝇的寿命延长。[6]夏普和其他科学家的研究都表明，侏儒小鼠体内的雷帕霉素机制靶蛋白信号下调了。"信号"指分子或细胞之间的作用链或沟通过程。"下调"意味着信号被静音。随后，夏普、兰迪·斯特朗（美国国家衰老研究所主导的衰老干预项目的首席研究员），以及缅因州巴尔港的杰克逊实验室的科学家戴维·哈里森通力合作，开展了一项值得关注的小鼠研究。该研究表明，雷帕霉素是延长哺乳动物寿命的潜在物质。这也是人类发现的首个可以延长哺乳动物寿命的物质。这项研究于 2009 年发表在享有盛誉的《自然》杂志上，参与研究的还包括来自美国各个机构的十几名研究人员。[7]

该研究设计之精良、范围之广泛，使其科研成果备受瞩目。一组研究人员饲养实验小鼠，另一组研究人员负责准备雷帕霉素。每个实验室都使用杰克逊实验室提供的原始饲料来饲养小鼠，这有助于排除药物对一组小鼠有效而对其他小鼠无效的可能性。最初，药物摄入是在小鼠约 4 个月大（成年初期）时开始的，但是研究发现，若要将小鼠血液中的雷帕霉素维持在所需水平，则需要大量的雷帕霉素，因为大多数药物在到达肠道之前就已经在胃中被破坏或吸收了。因此，研究人员开始想办法，以保证药物不被胃酸破坏，并节省实验成本。研究人员联手成功化解了难题：将雷帕霉素微囊化，外部裹上聚合物涂层，并且该涂层仅在小鼠肠道内被分解。问题解决之后，小鼠也老了很多。他们没有培育一组新的小鼠进行实验，而是决定继续观察雷帕霉素对老年小鼠（20 个月大，相当于人类的近 70 岁）的治疗情况。

研究发现，雷帕霉素让雄性小鼠的寿命延长了 9%，让雌性小鼠的寿命延长了 14%。该实验首次证明，存在可以延长哺乳动物寿命的药物。以前，只有通过热量限制或遗传操作才能延长小鼠寿命。

哈里森等人担心雷帕霉素可能会干扰线粒体中 DNA 或蛋白质的生成，便在小鼠身上进行了测试，检查了小鼠骨骼肌中的线粒体。[8]结果表明，受试小鼠的线粒体与未进行药物摄入的小鼠一样。

2012 年，哈里森博士和 2009 年研究小组的研究人员，以及密歇根大学动物护理和使用项目的病理学家 J. 埃尔维·威尔金森博士，向 9~22 个月大的大龄小鼠投喂肠溶雷帕霉素（在任何对照小鼠、雷帕霉素喂养小鼠均未死亡的情况下进行实验），并将它们与年幼（4 个月大）的小鼠进行比较，以了解它们的衰老情况。[9]结果表明，投喂雷帕霉素的小鼠在罹患年龄相关疾病方面延缓了许多，肝脏、心脏和关节的退化也延缓了。在该实验结论中，研究人员甚至提出雷帕霉素还具有抗癌作用。他们写道："雷帕霉素不仅可以延缓多方面的衰老，而且具有直接的抗肿瘤作用。"他们还提出，雷帕霉素之所以具有抗癌作用，可能仅仅是因为它延缓了衰老，而非药物本身直接起作用。

生物医学研究中流传着这么一句话：只有在其他科学家也可以重复实验的情况下，颠覆性的实验结果才是有价值的。2009 年，由密歇根大学免疫治疗学系的陈冲领导的独立研究小组也表示，投喂雷帕霉素的老年小鼠的寿命延长了。与美国国家衰老研究所的实验不同的是，[10] 该小组从小鼠 22 个月大的时候开始，连续 6 周每隔一天便投喂定量的雷帕霉素。在接下来的 30 周中，与注射安慰剂的对照小组相比，投喂雷帕霉素的小鼠的存活率显著提高。该实验还表明，雷帕霉素增强了老年小鼠体内某些干细胞的功能，并增强了小鼠对流感疫苗的反应。雷帕霉素保护了老年小鼠免受潜在致命因子的感染。

当美国国家衰老研究所领导的小组重复其实验时，使用的雷帕霉素剂量比之前的实验高 3 倍，他们成功地让雄性小鼠的平均寿命提高了 23%，让雌性小鼠的平均寿命提高了 26%。[11] 药物效果十分显著。

研究人员对雷帕霉素延长寿命的作用进行了进一步探索，从而让其他物种也随之受益。例如，华盛顿大学健康老龄化和长寿研究所与得克萨斯农工大学兽医学院正在进行一项合作研究，研究雷帕霉素对狗的作用。[12] 目前尚不清楚该药物能否延长狗的寿命，但是科学家已经观察到了一些有趣现象，如使用该药物 10 周后，检测到狗的心脏功能得到明显改善。得克萨斯农工大学狗衰老研究项目的首席医疗官凯特·克里维[13] 希望经过适当的临床试验后，将这种药物逐步批准用作兽药，以便继续进行观察。类似的研究也将揭示该药物如何帮助人类。狗比其他实验室动物好得多，因为狗的基因更加多样化。值得一提的科学家还有纽约州布法罗市罗斯韦尔·帕克综合癌症中心的米哈伊尔·布拉戈斯克洛尼，他致力于延长寿命和预防癌症的研究，在科学文献方面为雷帕霉素和雷帕霉素机制靶蛋白做出了巨大贡献。他在 2006 年发表的论文中第一次指出，衰老是由雷帕霉素机制靶蛋白过于活跃引起的疾病过程。[14]

然而，这些开创性研究仍缺乏关于雷帕霉素如何延长寿命的生物学理解。它真的能延长寿命吗？它如何运作？部分原因在于其作用途径涉及多个生化过程。雷帕霉素机制靶蛋白是一种大蛋白复合物，位于细胞质中，紧挨着细胞核。它与细胞核紧密联系，感知细胞内部发生的一切，然后向细胞核发出信号，并做出反应。雷帕霉素机制靶蛋白运用于整个机体（神经系统、肌肉和所有器官）的各种活动，因此要弄清其在衰老过程中的确切作用机制是一个巨大的挑战。毋庸置疑，未来的研究会解决这个问题。

尽管研究人类健康长寿的临床试验很难获得资金支持，但是有关雷帕霉素对人类健康有益（主要是降低罹患各种疾病的风险）的研究正逐步得到关注。有太多的风险不容忽视。在撰写本书时，使用雷帕霉素治疗克罗恩病、癌症和阿尔茨海默病的 1 300 多项临床试验正在进行中。最初，该药物主要用于移植患者，现在有望帮助其他人群。也许我们可以用它来"移植"体内的某些有害物质，让我们活得更久、更健康。

至此，我已经描绘了雷帕霉素的样子，听起来它就是人类永葆青春的根源。我们所有人都应该服用此药物来延长寿命吗？不必要。但是我们要控制其在体内的影响：自噬。

雷帕霉素可以通过自噬降低患病风险，促进健康。那么自噬到底是什么？它如何起作用？

第二章

垃圾车和回收厂

众所周知，肥胖人口过多已成为世界上许多国家的主要问题，尤其是在西式饮食盛行的西方发达国家。相比 1975 年，近年来人口肥胖率几乎增加了两倍。肥胖无国界，在各个工业化国家、各个城镇、各个农村、各个年龄段，肥胖都是"流行病"。人们普遍认为，在过去几十年里，是城镇化促使了肥胖的流行。然而，大规模研究表明，事实恰恰相反。如今，农村居民体重的增长速度快于城市居民，成为这一"现代瘟疫"的主要驱动力。尽管我们在研究和药物开发上花费了数万亿美元，但人类罹患癌症、心脏病和阿尔茨海默病的风险仍在继续增加，并且似乎与体重超标有关（医学上有时将阿尔茨海默病称为 3 型糖尿病）。

我读过的资料显示，这些疾病也与衰老本身有关。很少有年轻人罹患这些疾病。然而，我研究得越深入，就越意识到问题的复杂性。有两件事一直在我的脑海中徘徊。首先是研究人员在近 80 年前发现，通过限制热量摄入和间歇性禁食，试验动物的寿命大大延长了，因为这两种行为可以降低罹患癌症和心脏病的风险。一种广泛用于治疗神经系统疾病的生酮饮食显示出相似的抗癌和抗心脏病作用，尽管对它的研究远少于热量限制和间歇性禁食。第二件事是，在超百岁老人体内，已经发现了两个罕见的变异基因，似乎可以保护他们免受疾病侵害。这两个基因（FOXO3和胰岛素样生长因子1）受饮食影响，并且会对血糖和胰岛素起作用。

于是我对科学数据进行了更深入的研究，尽可能多了解一些有关热量限制、间歇性禁食和生酮饮食方面的信息。在前文也提及过，我很好奇的是，饮食是以相同的机制起作用还是以不同的方式起作用？经过三个月研读500多篇科学论文之后，我终于意识到，我读过的所有关于延长生命、疾病预防基因、治疗方法、药物、维生素/补充剂、生活方式等的内容都有一个共同点：都关闭了雷帕霉素机制靶蛋白细胞机制，从而开启了自噬过程。我又花了三个月阅读另外600篇关于雷帕霉素机制靶蛋白和自噬的论文，终于证实了我的想法。开启自噬的主要方法（但不是唯一方法）是，通过阻断胰岛素及相关的胰岛素样生长因子1来保持雷帕霉素机制靶蛋白活化，并使细胞停留在"生产"模式。

本章中，我们将仔细研究自噬过程，即一种固有的应激调控降解机制，分解有缺陷的细胞器、错误折叠的蛋白质和病原体等不必要或功能失调的成分。自噬是人体不断排毒、修复并最终达到自我再生的过程。降解产生的某些物质会被再利用于生产新的蛋白质，其中的一些物质可能会进入线粒体等新的细胞器中。研究人员越发认为自噬在许多生物过程中都起着重要作用。它会影响人体的发育、衰老、细胞更新和免疫力。在炎症性疾病、癌症和神经退行性疾病等疾病中，如帕金森病、阿尔茨海默病等，自噬功能失调似乎都是罪魁祸首。尽管"自噬"一词早在半个多世纪以前就由克里斯蒂安·德杜夫提出，用于描述细胞分解和循环利用物质的过程，但直到前不久科学家才了解该过程所有的活动部分。有关自噬的研究如雨后春笋般涌现，吸引了各个领域的科学家，这一点都不奇怪。正如芝加哥大学本·梅癌症研究所的癌症生物学家凯·麦克劳德所说，[1] 每个人都想参与进来。

自噬是一个复杂的过程，在体内起着多种多样的作用。为了便于理解，我们可以将其视为人体固有的回收再利用机制，如同一个细胞内的管家。自噬消除缺陷成分，促进正常新陈代谢，阻止癌细胞生长，预防代谢紊乱（避免肥胖症、糖尿病），使机体工作更有效率。这意味着通过增强自噬过程，可以减轻炎症（我会定义这一重要概念）、延缓衰老、降低患病风险、优化生物功能。

解剖自噬

生命在破坏和重建中不断循环。犹如最简单的化学反应，分子分离并重新排列，形成新的化合物。生命活动包括细胞的形成、生长、修复和复制，从单细胞生物（如酵母）到多细胞生物（如人类）都遵循这一规律。如果过多地破坏或干扰该生物过程，机体功能将失调；如果不加以纠正，生命最终将结束。

如前文所述，自噬是一种重要的生物行为，它负责细胞内的降解，降解后的成分将在重建过程中被处理或回收再利用。由于不符合模板（受损、功能失调、错误折叠）而被"标记"为有缺陷的化合物或细胞成分，是自噬的目标。尽管你不必知晓细胞结构的所有术语，但我还是希望你能理解自噬的工作原理，理解其工作原理确实需要掌握一些关键的生物学概念。

自噬过程中，细胞活动分为几个阶段。首先，形成称为吞噬细胞的前体囊泡。它是一种小的月牙形或杯形膜，可以在成熟后变成球形的双膜结构，即自噬体，从而清除细胞内的物质。想象一下像吃豆人（游戏形象）似的结构，它吞噬了细胞碎片，否则细胞碎片会堆积，导致炎症并引发各种疾病。炎症是所有慢性疾病的共同特征，包括糖尿病、心脏病、自身免疫性疾病、痴呆、癌症等。在某些特殊情况中，炎症是人体应对伤害或抵抗感染的生存工具。但是，大多数患有慢性炎症的人并不喜欢炎症。任何可引起慢性炎症的因素都可能引发疾病，这也是为什么在炎症途径启动之前需要清除细胞碎片。

自噬体如同垃圾袋或垃圾车，与称为溶酶体的球形囊泡融合，其中含有溶酶，这些酶可分解（或消化）多种生物分子。溶酶体就像体内的小型回收厂，负责处理和回收垃圾车运来的废料。溶酶体作用产生的残留产物被释放到细胞质中，可以被细胞再利用。细胞质指细胞内除细胞核的区域。剩余产物包括核苷酸、氨基酸、游离脂肪酸和糖，它们可用于蛋白质合成或经过线粒体电子传输链氧化产生三磷酸腺苷形式的能量。关于三磷酸腺苷，你只需知道它是一个物如其名的复杂分子，它为细胞活动提供所需的能量。三磷酸腺苷是收缩、放松肌肉，激发神经元，并进行生存所必需的生化反应的能量。如果机体不能产生三磷酸腺苷，就意味着死亡降临。

蛋白质和脂质的循环利用过程，有助于细胞在饥饿条件下存活。实际上，现代科学认为，调节细胞线粒体功能的是自噬。这一概念十分重要，因为绝大多数人都低估了线粒体的强大。线粒体是所有细胞（红细胞除外）都具有的细胞器（微小的特殊结构），也是三磷酸腺苷的来源。它利用细胞内的氧，将食物中的化学能（例如葡萄糖）转化为细胞可以使用的能量。简而言之，线粒体将葡萄糖转化为三磷酸腺苷的过程就像烧炉子：“燃烧”（利用）氧并释放出二氧化碳和水。由于细胞所需的三磷酸腺苷绝大多数都由线粒体提供，所以通常称之为细胞的“发电厂”。线粒体内含有 DNA，并且据说它起源于古老的蛋白细菌。换句话说，它本是自由生活的单细胞生物，但最终在我们的细胞内安了家，并为我们提供产生新化学能的能量。[①]

人体包含数十万亿个细胞，每个细胞平均有 100 个线粒体。它是人体保持健康和预防疾病的基石。线粒体受损或功能异常与所有可以想象到的疾病都有联系，如孤独症谱系障碍、心脏病、糖尿病、癌症、阿尔茨海默病等，并且它和加速衰老也有联系。人体不仅刺激生物合成以增加线粒体数量，还需要通过自噬去除受损的线粒体。

在过去的 25 年里，研究人员详细研究了整个自噬过程的分子调控因子，该过程由许多不同的信号通路精确控制。下图是自噬作用的直观演示，细胞碎片和有毒物质被清除和回收。

---

① 线粒体的起源和进化就足以写成一本书。线粒体起源于 14.5 亿年前，远远早于我们出现在地球上的时间。它以各种形式存在于各种多细胞物种体内，包括植物。等到哺乳动物进化并最终成为人类时，线粒体早已成为生物体内产生能量、维持生命的组成部分。它还有许多其他功能，但由于与我想叙述的观点无关，我不会深入探讨其细节。

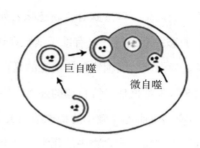

值得研究的问题是，在不导致生物体死亡的情况下，自噬最多可以"吃掉"多少个细胞以及"吃掉"哪些部分？科学家认为，自噬程度以及细胞成分被清除或回收的程度必须经过专业管理，以防不必要的细胞死亡，并确保细胞健康。例如，当细胞营养充足时，应将自噬程度降低；而在细胞饥饿时，必须增强自噬程度。在哺乳动物体内，引发自噬的因素不仅有饥饿，还有某些激素和生长因子的生物刺激以及感染。通常来说，自噬用于清除非特异性成分，但它也可以选择性地降解受损的细胞成分和有害细菌。因此，在地球生命进化史上，自噬可能具有抵御细胞饥饿不利影响的屏障作用。早期，它可能可以提供原始的免疫防御。现在，它承担着双重职责，即在饥饿或有不利物质入侵的危险情况下保护生命。

在正常情况下，无论细胞是否饥饿，自噬都必须在基线水平上持续进行，去除有缺陷的蛋白质和细胞器，以防细胞损伤。但是在特殊情况下（例如饥饿、缺乏刺激细胞增殖的生长因子或缺氧），自噬过程中的成员（吞噬体）增加，然后消化细胞内的分子，为细胞生存提供所需的营养。若自噬过程将细胞生存所必需的蛋白质和细胞器过度降解，则会导致细胞死亡。显然，自噬在生物化学复杂的相互作用中必须达到平衡，这一课题也正在研究中。研究人员之所以对细胞死亡与自噬之间的关系如此好奇，就是因为他们认为自噬可能有助于治疗一些人类最恐惧的疾病，例如癌症、神经退行性疾病、阿尔茨海默病等。神奇之处就在于，自噬具有控制细胞死亡的能力。换句话说，由于自噬可以保护健康细胞并清除有害细胞，所以它可以成为治疗疾病的武器。[2]

基因组的守护者

1999 年进行的一项研究，最早记录了自噬与疾病之间的联系。那时，哥伦比亚大学医学院的贝丝·莱文和其同事发现，细胞内的 Beclin1（自噬效应蛋白）基因有两个，如果删掉其中一个，肿瘤就出现了。[3] Beclin1 基因是哺乳动物体内自噬基因的一部分。多达 40%~75% 的乳腺癌和卵巢癌患者，缺少一个 Beclin1 基因。莱文在研究中增加了 Beclin1 基因在人类癌细胞中的表达，提高了自噬程度。将这些基因修补过的细胞注射到小鼠体内后，小鼠的肿瘤减少了。由新泽西医科和牙科大学（现为罗格斯大学生物医学与健康科学系）的艾琳·怀特领导的另一组研究人员发现，自噬可以防止 DNA 损伤。[4] 他们观察到了更多的染色体异常，这通常与肿瘤形成有关。自噬可以防止 DNA 受损和染色体不稳定，因而科学家们称其为"基因组的守护者"。这些发现激发了世界各地的许多科学家开始研究自噬的广泛生理功能。

研究人员已经能够观察到自噬是如何延长寿命的，并且发现人体内几乎每个系统都因自噬受益，包括神经系统、免疫系统、循环系统等。目前，在 PubMed（美国政府生命科学和生物医学论文数据库）上，有 4 万篇以上有关自噬的参考文献。最新发现将该细胞过程与免疫和代谢疾病的预防联系在一起。该研究成果惊人，自此自噬被看作防御癌症、神经退行性疾病、心脏病、糖尿病、肝病、自身免疫性疾病和感染等疾病的重中之重。实际上，自噬分为几种类型，我刚刚描述的是人体保持自身干净、整洁的主要形式。

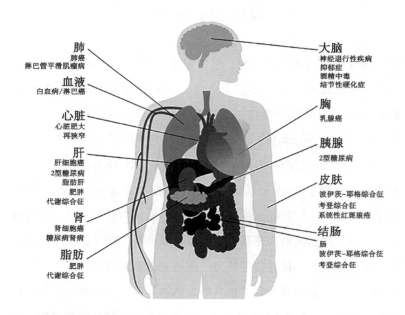

肺
肺癌
淋巴管平滑肌瘤病

血液
白血病/淋巴癌

心脏
心脏肥大
再狭窄

肝
肝细胞癌
2型糖尿病
脂肪肝
肥胖
代谢综合征

肾
肾细胞癌
糖尿病肾病

脂肪
肥胖
代谢综合征

大脑
神经退行性疾病
抑郁症
酒精中毒
结节性硬化症

胸
乳腺癌

胰腺
2型糖尿病

皮肤
波伊茨-耶格综合征
考登综合征
系统性红斑狼疮

结肠
肠
波伊茨-耶格综合征
考登综合征

注：与雷帕霉素机制靶蛋白信号传导异常和相应受影响器官相关的疾病。上图所显示的疾病均与雷帕霉素机制靶蛋白信号传导异常有关，这一结论经人类患者临床样本验证，又经体内雷帕霉素机制靶蛋白信号传导基因被破坏的啮齿动物验证。为简化图片便于理解，相对应的疾病标注在最常受影响的器官下方。肿瘤综合征会导致多器官生长良性肿瘤。

第一章已提及，人类并非唯一受益于自噬的物种。在许多植物和动物（包括酵母、霉菌、蠕虫和果蝇等）的进化历程中，自噬一直被保存下来。我们了解自噬过程的大部分信息，来自对酵母、小鼠和大鼠的研究。通过基因筛选研究，科学家已经鉴定出至少 32 种不同的自噬相关基因，也明确知道，这是生物生存机制的核心。它在人类及其他物种应对饥饿和压力等威胁的时候起着重要作用。因此，如果想要验证自噬的抗衰老和防疾病特性，就要巧妙地运用饥饿与压力的双重力量。有很多办法可以在健康的参数范围内达到该目的。

自噬的生命给予作用

自 噬

- 回收受损的蛋白质、细胞器和其他细胞成分，同时防御错误折叠的、有缺陷的蛋白质，这些蛋白质可能导致许多基于淀粉样蛋白的疾病，例如阿尔茨海默病。淀粉样蛋白是一种可以在体内某些组织中异常积累的蛋白质。长期以来，它与阿尔茨海默病患者的大脑病变有关。

- 为细胞提供重要的分子成分和能量。

- 调节细胞线粒体功能，有助于产生能量。

- 保护体内的多个系统，使系统功能有序化，并防止健康的组织和器官受损。在神经系统中，自噬可以促进大脑和神经细胞的生长，从而最终改善认知功能、大脑结构以及大脑通过新网络进行自我重塑的能力（神经可塑性）。在心脏中，自噬可以促进心肌细胞的生长并预防心脏病。在免疫系统中，自噬有助于消除潜在的有害病原体。

- 它就像"基因组的守护者"，维护 DNA 和染色体的稳定性，并预防癌症和神经退行性疾病等。

自噬可以解释以下问题

- 为什么在 20 世纪，癌症和神经系统疾病发病人数急剧增加？
- 为什么阿尔茨海默病有时被称为 3 型糖尿病？
- 冲绳和圣山等蓝色地带有什么共同点？为什么那里的居民健康长寿（见第四章）？
- 弓头鲸和裸鼹鼠有哪些共同点，可以保护它们免受癌症侵害（见第八章）？
- 厄瓜多尔的超百岁老人和侏儒综合征患者有哪些共同点可以使他们免受癌症侵害（见下一章）？
- 为什么单基因变化对寿命有如此巨大的影响？
- 为什么某些药物（例如雷帕霉素、二甲双胍、白藜芦醇、褪黑素以及许多模拟热量限制作用的药物）可作为抗衰老剂？
- 为什么食用某些抗氧化剂，例如维生素 E，会增加患癌症的风险（见第八章）？

自然诱导自噬

既然自噬是身体长期健康的终极排毒机器，那么我们肯定会想促进其发生。前文提及，我们可以通过给身体施加压力来促进自噬加快发生，具体操作可以从以下两个方面入手。

饮　食

坚持摄入高脂肪、高纤维、低碳水化合物、低蛋白的饮食。向精细加工的碳水化合物和糖说再见，多吃健康的脂肪和富含纤维的蔬菜。你还可以考虑间歇性禁食，这是触发自噬的强大因素。不要惊慌，我不是要你饿死自己。在此，我有几个可行方案供你参考。比如，你可以从晚上 7 点以后停止进餐，尝试非常舒适的 12 小时禁食。（半夜不要吃零食！）然后，你可以将禁食时间延长到 16 个小时，在第二天早上不吃早餐，因此你的第一顿饭大约是上午 11 点。

间歇性禁食（即限时性进食）之所以起作用，是因为它会激活激素胰高血糖素，其作用与胰岛素相反，可维持你的血糖水平。本书上一章已详述了胰高血糖素和胰岛素的作用，在这里我再提供一个直观的比喻。想象一下跷跷板：一个人上升时，另一个人下降。这个模型常用于解释胰岛素与胰高血糖素的生物学关系。在人体内，如果胰岛素水平升高，那么胰高血糖素水平就会下降，反之亦然。当你摄入食物时，胰岛素水平上升，胰高血糖素水平下降。当你不吃东西时，情况恰恰相反：胰岛素水平下降，胰高血糖素水平上升。

并且，胰高血糖素水平升高会触发自噬。这就是为什么通过间歇性禁食暂时剥夺身体营养，是提高细胞完整性的最佳方法之一。研究表明，间歇性禁食不仅可以维持细胞年轻，还可以促进能量释放，增加脂肪燃烧，并降低罹患糖尿病和心脏病等疾病的风险，这一切都归功于它具有激活自噬的能力。（关于该饮食方法和间歇性禁食的完整科学知识，请参见第四章。）

锻　炼

众所周知，锻炼对身体有益，可以促进新陈代谢并增强心肺功能。但是人们可能不清楚，它还会给身体施加"压力"，从而增强自噬。锻炼会在参与新陈代谢的多个器官（如肝脏、胰腺、肌肉乃至脂肪组织）中诱导自噬。一般来说，我们将锻炼视为一种训练肌肉和增肌的方式，然而，它也会分解组织，分解后的组织会得到修复，并变得更强壮。即使你距离上一次汗流浃背已经有一段时间了，我还是会鼓励你开始锻炼。该部分将在第九章详述。

自噬的定期休息

世间万物都需要追求平衡，基因开关也不例外，我们需要在开启与关闭之间取得平衡。锻炼对身体有益，但确实有一定的局限性。例如，如果你长时间不休息，并进行高强度运动，收益就会开始减少，身体负担也会慢慢增加。只需要观察马拉松运动员和耐力型运动员，就可以理解这种收益递减的规律。他们表现出心脏和肾脏受损的迹象，就是长时间剧烈运动造成的。自噬也是如此：人体内部的清洁机制需要休息一段时间，人体才能更轻松地构建组织、控制体重（不会减重太多）、维持免疫系统。

我会在第九章中提供一些看法，帮助你在某些时候降低自噬水平，留出空当增强肌肉、恢复免疫系统功能。在一年中，人体需要自噬功能工作 8 个月，休息 4 个月。让自噬功能在哪个月放假并不重要（例如，可以将自噬功能打开两个月，关闭一个月，由此重复整个日历年）。请记住，自噬是细胞自我强化的一项行动计划（或工具），但它也需要保持平衡：自噬过多或过少都可能对细胞有害，从而损害身体健康。

第三章

侏儒和突变体

科学发现的步伐快得令人难以置信。

——詹姆斯·沃森（DNA 结构的共同发现者）

如果我问你，应该怎么做才能青春永驻、延年益寿，怎么做身体才不会因年龄增长而每况愈下，你会怎么回答？

也许你会说：

- 通过优化饮食结构、适当运动来维持理想体重和身体健康。
- 定期进行恢复性睡眠。
- 妥善处理压力和焦虑。
- 倚仗携带长寿基因的父母。

我之所以列出最后一个观点，并非全然为了博君一笑。你应该知道，我是超百岁老人研究项目的主要研究人员，该研究项目专注于人类的长寿基因组学。自 2010 年以来，我结识了世界各地 60 位年龄在 106 岁及以上的老人，并获取了他们的血液样本。其中年龄最大的是意大利的埃玛·莫拉诺，117 岁。我认为，即使你不是赢得基因彩票的罕见幸运儿，也可以通过采取适当的生活方式健健康康地活到 100 岁。基因对寿命的影响远远低于人们的预期。前不久，科学家对大型血统数据库进行了分析，进而证明了上述观点。值得重申的是，最新分析表明，基因对人类寿命的影响在 7% 以下，而不是先前大多数人估计的 25%~35%。对于大多数人来说，寿命长短取决于生活方式，比如我们吃了什么、走了多少路、承担了怎样的压力，以及人际关系质量、婚姻质量、社交网络实力、对医疗保健和教育的需求等其他因素。

前文中简要提及的一个研究已说明，基因不是影响寿命的主要因素。[1] 该研究涵盖了出生于 19 世纪至 20 世纪中期的 4 亿多人，还记录了他们配偶的寿命。科学家发现，已婚夫妇的寿命相似程度，胜于同胞之间。这样的结果表明，非遗传因素对寿命的影响很大（配偶通常没有相同的遗传变异）。然而，配偶可能确实有一些相同之处，例如饮食习惯、运动习惯、是否吸烟、是否可以饮用干净的水、是否远离疾病暴发地区、是否识字等。因此，人们倾向于嫁给拥有相同生活方式的人是有道理的。通常，成天躺在沙发上看电视的人是不会与铁人三项运动员结为夫妻的，滴酒不沾的人也不会和派对狂魔结婚。健康的生活方式促成了健康的基因及基因表达。

我们可以多向那些长寿且健康的人学习生活经验。不知道你是否设想过，如果有一天你的体重超标或过度肥胖，是否存在永不患上糖尿病和癌症的可靠方法？事实证明，某些地区的居民对这两种疾病具有抵抗力，并且能够在某些方面抵御衰老。这些人不一定能活到100岁，但是他们逃过了现代社会中极其严重的两种疾病，正是这些疾病摧毁了人类健康长寿的梦想。我们能从这些人身上获得哪些信息？

侏儒综合征和厄瓜多尔同组群

如前文所述，降低胰岛素和胰岛素样生长因子1的浓度能促使雷帕霉素机制靶蛋白信号通路关闭，自噬开启。兹维·莱伦是以色列的一名医生（2019年时他92岁），其专长是小儿内分泌学，主要研究儿童激素功能障碍。1958年，一个犹太人带着三个孩子来到他家。尽管这三个孩子的五个哥哥和姐姐身高正常，但是他们仨却发育迟缓。侏儒症（此病患者身材矮小）有许多不同的医学成因，其中之一是生长激素分泌不足。顾名思义，生长激素是一种刺激人类和其他动物生长、细胞繁殖与细胞再生的物质。它由脑垂体产生，对发育非常重要。青少年每天分泌的生长激素是成年人的约两倍。（青少年每天分泌700毫克，而成年人每天分泌400毫克，生长激素的分泌主要在第三和第四阶段的睡眠中完成。）除了能帮助年轻人长高，即从青春期逐渐发育至成年，生长激素还能增强生物组织（改善骨密度、强化肌肉）、修复机体（如皮肤、骨骼、肠壁等）。人体在每个阶段对于生长激素的需求量是不同的，我们一生都离不开该激素。一开始，莱伦博士以为这三名儿童体内缺乏生长激素——在医学上称为缺乏症，但是当他使用生长激素进行治疗时，却似乎没有帮助。

在接下来的几十年中，越来越多的侏儒症患者前来寻求莱伦博士的帮助。有一次，就诊患者人数超过 60 人，后来世人称他们为"以色列同组群"。根据莱伦多年来的经验，这群人在后续检查中被确诊为"莱伦氏综合征"（侏儒综合征），该症状是根据莱伦在 1966 年与 A. 佩尔泽兰和 S. 曼海默一起完成的报告命名的。[2] 患有侏儒综合征的男性通常只有 4.5 英尺[①] 高，女性有 4 英尺高。

全世界有 300~500 人患有该特殊疾病。2014 年，研究人员对来自 6 个不同国家的侏儒综合征受试者进行了基因测试，证实了他们的确是同一祖先的后代，有可能是犹太人的后裔。[3] 其中一些子孙后代留在中东或移民到东欧，另一些人则移居到西班牙或葡萄牙。患有侏儒综合征的受试者中，约有一半属于西班牙系犹太人（来自西班牙或葡萄牙的犹太人）。1492 年底，西班牙"天主教君主"斐迪南和伊莎贝拉成婚，意味着西班牙统一。此后，君主颁布了《阿尔罕布拉法令》，迫使犹太人要么皈依天主教，要么离开该国。9 万 ~10 万西班牙系犹太人离开了西班牙，其中许多人在北非和中东定居，也有一些人移民到了其他欧洲国家、加勒比海地区、南美洲国家和美国。

1987 年，厄瓜多尔的一名内科医生，同时也是糖尿病专家——

---

① 1 英尺≈0.3 米。——编者注

海梅·格瓦拉－阿吉雷博士开始对居住在厄瓜多尔南部洛哈省和埃尔奥罗省的大约99名村民进行研究，因为他们全都表现出侏儒症的症状。这些人是西班牙系犹太人的后裔，在16世纪初从伊比利亚半岛出逃，移民到厄瓜多尔。后来，人们将其称为"厄瓜多尔同组群"。由于天主教会在利马和基多等主要城市势力强大，他们被迫定居在南部偏远的村落。在定居后的4个世纪中，他们因担心遭人迫害，一直处于与世隔绝的状态（其后代都生活在直径仅150公里的地区内），并且由于地方很小，偶尔会有人与近亲结婚。为什么这些背景信息至关重要？让我们简要地介绍一下遗传模型。

基因型和表现型

孟德尔的基本遗传学说或许能帮助你理解特征（或疾病）如何从上一代遗传到下一代，并最终在一个与外界隔绝的地理区域内普遍存在，而在世界其他地方却罕见该特征（或疾病）。（孟德尔遗传学指生物遗传规律，以奥古斯丁修道院的修道士格雷戈尔·孟德尔的名字命名，他被认为是现代遗传学之父。他基于在花园里种豌豆的实验，在19世纪60年代首次确立了这些遗传规律。这比人类了解DNA还早很多，但是孟德尔记录了他从观察中得到的基本遗传规律。）

人体内含有数十万亿个细胞，几乎每个都具有遗传密码。它会给生命所需活动下达指令，并执行基础生命功能。遗传密码被打包分装成23条染色体，就像DNA库中的各个信息卷。染色体由DNA

链组成。这些 DNA 链的排列形状如同螺旋形开瓶器，类似于扭曲的梯子，这就是大名鼎鼎的 DNA 双螺旋结构。该阶梯的梯级由约 30 亿个碱基对组成，由四种叫作核苷酸的化学碱基表示，最常见的表达形式为 A（腺嘌呤）、T（胸腺嘧啶）、G（鸟嘌呤）和 C（胞嘧啶）。构成染色体的核苷酸序列决定了成千上万种的基因编码。基因是决定生物体的核心因素，它既决定了你眼睛的颜色，也决定了你患上阿尔茨海默病或心脏病的概率。为了便于理解，我们可以把核苷酸想象成特殊字母表中的字母，它们的排列组合创造了控制基因表达的句子。

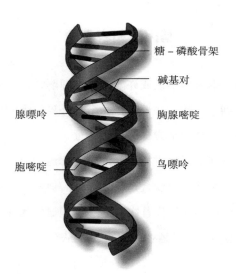

糖－磷酸骨架

碱基对

腺嘌呤

胸腺嘧啶

胞嘧啶

鸟嘌呤

人类的个体特征，从长相到个性，以及我们患有某些疾病的概率，在很大程度上都取决于我们从父母那里继承的基因（的确，环境也起着重要作用，但在本段讨论中，我们仅关注遗传学）。每个人有 2 万 ~2.5 万个基因，但是只有大约 1% 的基因使人们显示出独特性。我们通过染色体从父母那里各继承了一组基因。每一对相对性状由一对等位基因控制。在一对等位基因中，两个基因的表达可能不同，其中一个会起主导作用。这些等位基因的组合排列纯属随机。如果你对这些生物名词感到不解，那么我举个例子，请你直观感受一下。假设一个蓝色眼睛的人和一个棕色眼睛的人结婚，那么他们生下的孩子有可能长着蓝色眼睛，也有可能长着棕色眼睛。具体情况取决于等位基因是如何组合的，以及棕色眼睛的家长是否传递了蓝色眼睛的隐性基因。那位棕色眼睛的家长可能携带了蓝色眼睛的隐性等位基因，但被占主导地位的棕色眼睛显性等位基因所掩盖。

在前 22 个与性别无关的染色体上，任何基因突变都可能导致常染色体遗传病。一般来说，遗传性常染色体突变，要么是显性的，要么是隐性的。如果它是显性基因，那么孩子只需要遗传到父母一方的一个亲本基因就可以表现出该疾病的可观察性特征（即表现型）。在这种情况下，父母中至少有一位会表现出该疾病的症状。当一个隐性异常基因（继承自其中一个亲本）与一个显性正常基因（继承自另一个亲本）相结合时，就会发生隐性遗传突变。该个体本身不会表现出异常基因的任何外在迹象，但由于他携带了异常基因，就有可能会遗传给孩子（因此，他被称为该基因的携带者）。如果从亲本双方那里都得到了异常基因，则该个体会表现出明显的体征。侏儒综合征就是常染色体隐性遗传病之一。

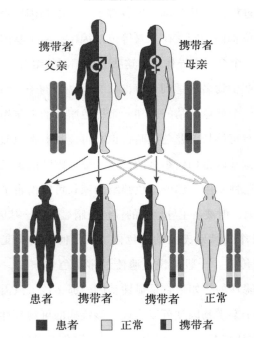

常染色体隐性遗传

携带者 父亲

携带者 母亲

患者　携带者　携带者　正常

■ 患者　☐ 正常　■▫ 携带者

　　如果这些身材矮小的个体中，其中一人的后代体内没有突变的等位基因，那么他的孩子可能会成为身材正常的侏儒基因携带者。换言之，如果父母双方都是侏儒等位基因的携带者（两人分别携带一个侏儒基因，并且身材正常），那么他们的亲生子女成为携带者的概率是50%，成为非携带者的概率是25%，表达出侏儒基因表现型（具有可观察的疾病迹象）的概率是25%。但是，如果父母双方都表现出侏儒基因的表现型（身材矮小），则意味着两人都携带了一对侏儒等位基因，并且他们的每一个孩子都将继承侏儒症表现型。在有血亲关系的亲本繁殖中，传递隐性基因突变的概率大大增加。尽管近亲通婚受到社会或世俗法律的限制，但在某些种族背景相同的地方，近亲通婚发生的频率要高于其他地方，因为他们往往是同一祖先的后代。就厄瓜多尔和以色列的西班牙系犹太人而言，由于他们与外界隔绝且渴望与同宗教的伴侣结婚，所以他们与近亲通婚的可能性就增加了，从而导致其中许多人遗传了了侏儒综合征。事实上，那个让莱伦博士第一次发现侏儒综合征的患者，其父亲的祖父母是表兄妹。

这样故事就比较有趣了。成年后仍然身材矮小的命运似乎是一种诅咒，然而，这些患者还具有另一个罕见且非常可贵的特征：他们从来不会患上糖尿病和癌症。他们罹患阿尔茨海默病和心血管疾病的风险也大大降低。他们终生不会患上糖尿病和癌症的生物学秘密是什么？是他们高海拔的乡村生活方式，还是因为某种遗传性疾病的作用？

在莱伦博士首次记载激素治疗对矮小儿童无效 8 年之后，一种特殊的实验室技术——放射免疫测定法——开始应用于测量个体的生长激素水平。当他发现侏儒综合征患者和正常人的生长激素水平相同时，他并不感到沮丧，而是十分惊讶。莱伦和同事发现，这些矮小儿童的肝脏的特定受体存在缺陷，该受体本应与生长激素结合，并生成胰岛素样生长因子 1。除非你是一名生物化学家，否则胰岛素样生长因子 1 并不在你的日常词汇内，它与人类的寿命、外貌、健康息息相关，接下来我会解释这一名词，让你对这一物质有所了解。遗传了双亲侏儒综合征的人，其血液中的胰岛素样生长因子 1 浓度低于 20 ng/ml（纳克 / 毫升）。青春期内，促进人体正常发育的胰岛素样生长因子 1 浓度范围为 100~600 ng/ml ；青春期后，其浓度最低为 30 ng/ml，最高则会超过 200 ng/ml。这说明，遗传了双亲侏儒综合征的患者体内的胰岛素样生长因子 1 的浓度，远远低于人体正常生长发育所需的水平。然而，由于饮食选择不当，目前有许多美国成年人体内的胰岛素样生长因子 1 浓度过高，这会对其健康产生负面影响。稍后我会解释，摄入过多的动物蛋白和精加工的碳水化合物，会使体内的胰岛素样生长因子 1 浓度升高。

免受糖尿病和癌症的侵害

2011 年，由厄瓜多尔的格瓦拉 – 阿吉雷、美国国家衰老研究所的拉斐尔·德卡博和南加州大学长寿研究所的生物基因学家瓦尔特·隆哥等人组成的研究小组发表了一篇论文，该论文表明，跟踪调查厄瓜多尔同组群 22 年之后，仍未发现任何糖尿病病例，尽管其中超过 20% 的人过度肥胖，并且他们的空腹血糖浓度与未发生基因突变的当地人相同。[4] 在厄瓜多尔同组群的数百号人中，只发现了一例癌症，但是不致命。然而，未发生基因突变的当地人的情况与之大相径庭，其中约有 5% 的人死于糖尿病，20% 的人死于癌症。该研究还在继续，其中一位受试者今年 50 多岁，身高只有 3.5 英尺，相当于小学一年级学生的平均身高，体重却高达 127 磅，将她归类为病态肥胖绰绰有余。其饮食中碳水化合物和脂肪含量超标，但血压却正常无比。科学家说她很健康，尽管过度肥胖，但她并无患糖尿病或其他疾病的征兆。

早些时候，莱伦博士发表了一篇论文，他和同事调查了世界上将近一大半（222 人）已知的先天胰岛素样生长因子 1 基因缺乏者。[5] 缺乏症的成因有：生长激素不足、罹患侏儒综合征（如前文所述，生长激素受体基因发生变异）、胰岛素样生长因子 1 基因缺失或"功能丧失"。然而，没有一个人患上癌症。有些人可能接受过胰岛素样生长因子 1 和生长激素治疗，但似乎他们之所以不受癌症侵害，与是否接受治疗无关。莱伦和同事发现，厄瓜多尔同组群成员的血液中似乎存在某种物质，可以保护培养皿中的细胞不发生癌变（研究人员喜欢在实验室中诱发细胞癌变以研究其行为）。尽管厄瓜多尔同组群成员的饮食中碳水化合物含量很高，但他们具备良好的胰岛素敏感性（即他们对胰岛素不产生抗药性），这能保护他们免受糖尿病的侵害（见下面方框中的内容）。更重要的发现是，研究人员用这些人的血液培养正常人类细胞，培养过后的细胞减少了雷帕霉素机制靶蛋白的表达。雷帕霉素机制靶蛋白是人体主要的蛋白质复合物，它负责管理人体的自我清洁功能。联系前文，你会明白这意味着什么：随着雷帕霉素机制靶蛋白信号通路关闭，自噬功能得到强化，细胞回收机制变得活跃，开始清除废料并打扫"房子"。

当衰老变得棘手

你可能早已知晓，胰岛素是人体最重要的激素之一。它在人体新陈代谢中起着重要作用，帮助我们将能量从食物转移到细胞中，作为燃料为生命活动供能。由于人体细胞无法自动获取血液内的葡萄糖，所以需要胰岛素的帮助，胰岛素可以作为转运蛋白，在胰腺内产生。胰岛素将葡萄糖从血液转移到肌肉、脂肪和肝细胞。一般来说，健康的细胞具有大量的胰岛素受体，因此可以对胰岛素做出反应。但是如果细胞长时间暴露在胰岛素浓度过高（长时间存在于血液中的葡萄糖会导致胰岛素浓度过高）的环境中，它们就会通过减少其表面胰岛素受体的数量来适应环境，即对胰岛素采取"视而不见"的态度。

顺便一提，血液中长时间存在的葡萄糖通常来自加工食品中的精制糖和简单的碳水化合物。当人体细胞对胰岛素变得不敏感或做出抵抗时，我们称为"胰岛素抵抗"。这是细胞的自我保护机制。虽然葡萄糖可以帮助细胞的能量机制，即线粒体（在前面的章节已经探讨过），但是葡萄糖过量可能致命，它们会黏附在蛋白质上，并使蛋白质无法发挥作用（这一过程称为糖化，后文有更多介绍）。一旦细胞进入这种状态，它们就会忽略胰岛素，也不会从血液中吸收葡萄糖。而胰腺也会做出相应的反应，开始分泌出更多的胰岛素。现在需要更高浓度的胰岛素才能使葡萄糖进入细胞。

一系列反应会形成恶性循环，最终诱发 2 型糖尿病。糖尿病患者肯定也是高血糖人群，即血液中的葡萄糖浓度过高。当出现高血糖症状时，体内的葡萄糖含量大于细胞所需，此时人体将设法把过剩的葡萄糖安全储存起来。首先，它转化了糖原（一种葡萄糖形式），它不像葡萄糖那么"黏"，因此对细胞造成的伤害较小。

糖原主要储存于肝脏和肌肉中，如果血糖浓度降低，人体可随时分解糖原以提供能量。只要肝和肌肉中储存有糖原，就不会燃烧脂肪，多余的脂肪就会被储存于脂肪组织中。这就是为什么大多数（约 80%）的 2 型糖尿病患者超重或过度肥胖。如果糖留在血液中，则会造成很多损害，例如产生晚期糖基化终末产物（AGE），其中"黏性"葡萄糖分子附着在蛋白质（例如构成你内部血管的蛋白质）上，并导致功能障碍。糖基化（称为 AGE过程）是糖尿病导致早逝、冠心病、中风、肾脏疾病和失明的主要原因。

莱伦博士和其他科学家的研究成果表明，胰岛素样生长因子 1 的活性及其与生长激素和胰岛素之间的关系，会影响罹患某些疾病甚至诱发死亡的概率。我们需要利用其他生物做研究以观察此生物现象，而不是直接在人类身上做实验。因此，我们将目标转向了小鼠。请多多包涵，在此之前描述的所有与遗传学有关的知识以及侏儒症患者的例子似乎都与自噬关系不大，但是它们对解释基因开关有所帮助。从莱伦和其他科学家的工作中，我们汲取了一些知识——清楚了自噬的运作方式，以及我们该如何"欺骗"自己的身体才能防止生病和过早死亡。

埃姆斯侏儒小鼠和斯内尔侏儒小鼠

20 世纪 50 年代，在位于艾奥瓦州埃姆斯市的艾奥瓦州立大学的一个实验室小鼠群落中，出生了一只 DNA 具有自发性突变的小鼠。特定基因的"功能丧失"式突变导致该小鼠三种重要激素的水平降低：生长激素、催乳素和促甲状腺激素。"功能丧失"指基因突变使基因失效或失活，无法执行其功能，例如无法编码可以产生某些激素的蛋白质。埃姆斯侏儒小鼠出生时看起来很正常，与其他小鼠无异，但生长发育缓慢，仅能达到家族其他成员的一半大小。成年埃姆斯侏儒小鼠体内循环的胰岛素样生长因子 1 含量极低。矛盾的是，其食物消耗和氧气利用率高于身形所需的水平。该小鼠空腹时的胰岛素浓度和葡萄糖浓度也降低了，表明了其极好的胰岛素耐受性。（换句话说，埃姆斯侏儒小鼠没有"胰岛素抵抗"，也不存在患上糖尿病的征兆。）

在许多方面，不受任何限制的埃姆斯侏儒小鼠表现出和热量限制下的动物相同的特性：衰老延缓、长寿。正常小鼠的平均寿命约为 900 天。如果限制正常小鼠的热量摄入，它们的寿命可以达到 1 200 天。但是，埃姆斯侏儒小鼠在没有热量限制的情况下可以存活约 1 300 天，在有热量限制的情况下可以再多存活 100 天。

与埃姆斯侏儒小鼠一样，斯内尔侏儒小鼠体内也存在基因缺陷——控制生长激素等激素产生的基因有缺陷。尽管这两种小鼠的品系有所差异，但它们具有相似的病理学、生物学特性。关于侏儒小鼠异常长寿的研究始于 20 世纪 90 年代至 21 世纪初，其中许多是由研究雷帕霉素对健康有何影响的研究人员进行的。2001 年，缅因州杰克逊实验室的戴维·哈里森（本书第一章描述了其研究成果）的同名实验室发表了一篇论文，论文表示埃姆斯侏儒小鼠和斯内尔侏儒小鼠体内的基因突变可以延长寿命，[6]并且证实两者都降低了生长激素和胰岛素样生长因子 1 的水平。他们的研究发现，斯内尔侏儒小鼠在特定免疫细胞和胶原蛋白的交联中具有延缓衰老的作用，支持这一结论的现象是，小鼠寿命延长是衰老速度降低所致的。

（交联指的是一种确立已久的衰老理论，即某些蛋白质，例如胶原蛋白，会结合在一起并产生不利影响。例如，糖尿病患者的交联蛋白数量是正常人的 2~3 倍，如前所述，这主要是因为血液中高浓度的"黏性"葡萄糖促使了晚期糖基化终末产物的生成。蛋白质的交联也可能导致心脏增大和胶原蛋白硬化，继而可能导致心搏骤停的易感性增加，以及其他负面作用。）

斯内尔侏儒小鼠的癌症发病率也低于正常小鼠。南伊利诺伊大学医学院的杰出学者、内科学和生理学教授安德烈泽·巴特克博士进一步证明，给 2~6 周龄的侏儒小鼠注射生长激素补充剂，会消除基因缺陷给小鼠的健康带来的积极影响。巴特克博士的实验室是最早发现单个基因突变可以延长哺乳动物寿命的实验室之一，并提出埃姆斯侏儒小鼠的寿命显著增加，是由于缺乏生长激素。[7]

埃姆斯侏儒小鼠和斯内尔侏儒小鼠品系的基因突变，均属于近交系小鼠垂体控制基因自发性突变。此外，生长激素受体基因敲除（GHRKO）小鼠品系是经过有意改造的，以重现在侏儒综合征患者中发现的生长激素受体缺陷。在小鼠中，生长激素受体基因敲除小鼠的寿命保持世界纪录。开发这种小鼠品系的目的是，让研究人员能够了解这种基因突变，而不必在人类群体中进行研究，后者具有伦理和实践局限性。这些由实验室培育的基因突变小鼠表现出严重的发育迟缓现象，成比例的小鼠患有侏儒症，并且血清中胰岛素样生长因子 1 浓度大大降低，这与我们在侏儒综合征患者中的所见相同。此外，已发现生长激素受体基因敲除小鼠体内空腹血糖和胰岛素浓度降低，胰岛素敏感性增强，葡萄糖耐量降低，所有特征都有益于健康。而且它们的寿命比野生同窝小鼠的寿命长 30%~40%。2017 年，由明尼苏达州的梅奥诊所及巴西、波兰和德国的科学家组成的联盟发表了一篇论文，宣称可以"为衰老研究提供一种新的动物模型"，论文中记录的长寿小鼠的生物学特性令人大开眼界。[8] 有趣的是，百岁老人作为人类长寿最好的例子，其血浆中胰岛素样生长因子 1 的水平也比非百岁老人低。许多矮小的动物品种（如迷你犬、迷你猫、迷你猪）都是由胰岛素样生长因子 1 基因的单一突变所致的，而且它们的寿命也比正常体形的同类长得多。

本章概述了基因突变小鼠的寿命比无基因突变小鼠的更长，这表明，我们现在可以在生物体上研究这些特殊突变——通过某些调节来延长机体寿命。更重要的是，我们可以了解如何通过改变基本生活方式来模仿这些基因突变产生的影响。降低胰岛素样生长因子1的浓度就等于延长寿命，但是你不需要通过突变基因就可以获得这一益处。有趣的是，热量限制（可重复性最高的延长寿命的干预措施）将大大降低人体中胰岛素样生长因子1的浓度。关键是要保持健康的平衡，尊重胰岛素样生长因子1与生长激素和胰岛素的关系，从而延缓衰老、优化自噬过程。

长寿与生命性能之间的权衡

如前文所述，生长激素对身体有许多影响，包括在组织生长和能量代谢方面。生长激素在多种情况下都会释放，我们能做的就是增强运动、降低血糖、限制碳水化合物摄入和间歇性禁食。顾名思义，生长激素是一种促进生长的激素，可促进肌肉和肝脏中的蛋白质合成。生长激素还倾向于从脂肪细胞中提取游离脂肪酸以获取能量，这是减肥的关键步骤。

这是我到目前为止一直遗漏的重要事实：我说过生长激素会刺激肝脏产生胰岛素样生长因子 1，但仅在存在胰岛素的情况下才会如此。高生长激素水平和高胰岛素水平（例如，在摄入意大利烤肠比萨或芝士汉堡之类的含蛋白质和碳水化合物的食物之后）将提高胰岛素样生长因子 1 的水平，并增加体内的促生长反应。相反，在间歇性禁食或限制碳水化合物摄入期间，高生长激素水平和低胰岛素水平将不会导致胰岛素样生长因子 1 水平升高，并具有许多有益作用。通过刺激自噬，我们可以清除所有陈旧、无用、可能有害的蛋白质和细胞碎片。同时，禁食会刺激生长激素分泌，它会通知身体是时候产生一些令人眼花缭乱的新细胞、新组织了。人体通过不断进行彻底翻新来改善健康状况，即辞旧迎新。就像装修一幢房子里的各个房间，比如说厨房，如果墙壁上装着 20 世纪 60 年代风格的破旧橱柜，则需要先拆除旧的，然后才能安装新的。这是移除（销毁）和创造（建造）的双重过程。

显然，存在一个特定的时间和地点促进人体生长，并且胰岛素样生长因子 1 浓度的高低处在有规律的波动之中。胰岛素样生长因子 1 水平过低或过高都会增加全因死亡（指死于任何疾病）的风险。胰岛素样生长因子 1 一方面能促进发育，因此对于机体恢复很重要；但另一方面，这一机制也意味着它可以致癌。以下是胰岛素样生长因子 1 的优缺点摘要。

优 点

- 帮助维持肌肉质量和力量,减少肌肉浪费并降低人体脆弱性。
- 减少炎症反应并抑制氧化应激。
- 提高细胞面对 DNA 损伤等危险时的存活率。
- 通过促进新神经元的生长,防止淀粉样斑块的积聚。
- 作为天然的抗抑郁药,促进大脑健康。
- 对血管的抗炎和抗氧化作用,能稳定现有斑块并减少其他斑块积聚,从而预防心脏病。
- 帮助提高骨密度。
- 支持免疫系统。

缺 点

- 增加细胞癌变的风险,胰岛素样生长因子 1 是癌症的启动因子。
- 缩短寿命。

你可能会质问:这怎么可能?我列出了胰岛素样生长因子 1 许许多多的优点,尽管有缺点,但只有两个。在科学界,这个难题被称为胰岛素样生长因子 1 悖论:尽管胰岛素样生长因子 1 具有促进细胞增殖和存活的特性,但研究表明,减少生物体内的胰岛素样生长因子 1 的浓度可以延长多种生物的寿命,如线虫、苍蝇和哺乳动物。目前,这是一个研究热点。悖论背后的理论之一是线粒体的作用。线粒体是细胞中以三磷酸腺苷形式产生化学能的微小细胞器。如前文所述，线粒体是生物细胞的电厂。它们存在于除红细胞以外的所有细胞中，并且其自身的 DNA 与细胞核中的 DNA 分开。目前，我们认为线粒体在阿尔茨海默病、帕金森病和癌症等退行性疾病的发展中起着重要作用。实际上，线粒体疾病包括由线粒体功能异常引起的神经、肌肉和代谢紊乱。糖尿病和阿尔茨海默病等许多疾病都与线粒体问题有关。[9] 每当出现线粒体损伤或功能障碍时，都会继而出现疾病和衰老。

关键在于，自噬可能在线粒体的正常周转中起重要作用。当胰岛素样生长因子 1 的水平持续升高时，雷帕霉素机制靶蛋白信号通路开启，自噬关闭，从而导致线粒体功能障碍、细胞活性降低。而且，由于线粒体突变和功能失调可能随年龄而自然增加，因此在胰岛素样生长因子 1 水平升高的环境中，线粒体功能失调的清除率降低与年龄相关疾病的发生紧密相关。[10]

如何激活体内的抗衰老分子

优化自噬的最安全、最有效的方法之一是，激活近来在细胞中发现的腺苷酸活化蛋白激酶（AMPK），俗称"人体的天然抗衰老酶"。腺苷酸活化蛋白激酶被激活后，会控制细胞通过自噬去除内部污染物，这使细胞能够以更年轻的方式发挥作用。许多人利用腺苷酸活化蛋白激酶激活化合物（腺苷酸活化蛋白激酶发布信号，让细胞吞噬内部脂肪和其他物质），减少腹部脂肪储备，从而增强细胞活性。实际上，流行的糖尿病药物二甲双胍能减少线粒体中三磷酸腺苷的产生，从而激活腺苷酸活化蛋白激酶，提高胰岛素敏感性。如我们所料，当腺苷酸活化蛋白激酶释放信号时，胰岛素样生长因子 1 信号通路被关闭。腺苷酸活化蛋白激酶可能会开启人体的"抗氧化基因"，从而自然产生抗氧化剂。以下三种策略将帮助你激活这种重要的抗衰老剂，后文也会提及它们。

- 运动，特别是高强度间歇性训练。
- 膳食摄入：黏性膳食纤维，例如水果、蔬菜以及豆类（如大豆、小扁豆）中的膳食纤维。
- 通过间歇性禁食和限制蛋白质摄入来限制热量（见下一章）。

时机最重要

俗话说，在生活中，时机最重要。在生活里，好的一面和坏的一面可以调和，在生物体内也是如此。在某种程度上，人类需要胰岛素样生长因子 1 才能生存，就像人体需要适量的炎症、胆固醇和脂肪。但是，某些东西一旦过多，麻烦就会随之而来。我们必须努力使所有这些生物事件或物质保持平衡，并在最需要的时候利用它们。在我们长身体的时候，处于患癌症风险相对较低的阶段，胰岛素样生长因子 1 就是我们的朋友，可以促进身体生长发育，帮助机体进行修复。某些其他情况也可能要求保持胰岛素样生长因子 1 信号通路开启，例如在怀孕时和哺乳期间。[①] 但是随着年龄的增长，身材会横向发展，我们最好开始抑制胰岛素样生长因子 1 信号通路，

[①] 在许多情况下，人体都需要保持胰岛素样生长因子 1 信号通路开启，妊娠和哺乳只是其中两种。如果你有任何特殊情况要考虑，请与医生交谈。

尤其是人到中年，细胞自然老化且细胞中的 DNA 变异日积月累，患癌风险开始急剧上升。现代饮食富含精制碳水化合物和动物蛋白，但对人体并无益处。这进一步证明了遵循修道士的饮食习惯可以降低胰岛素样生长因子 1 的含量，并有利于自噬。后续章节中，我会对此展开讨论。

对于高动物蛋白的饮食会增加罹患癌症的风险，科学家从生物学出发，给出了合理的解释：这与胰岛素样生长因子 1 有关。你会发现，用大量蛋白质攻击人体时，肝脏会做出回应。它会发出信号，要求机体对蛋白质加以有效利用，并分泌胰岛素样生长因子 1 来告诉细胞："生长时间到了！请启动引擎并进行繁衍——我们还有很多额外的蛋白质可以用来制造能量。"

但问题在于，生长激素也可能刺激肿瘤生长，尤其是自噬关闭时间过长的时候，体内堆积了大量因线粒体功能失调产生突变的自由基，这些自由基会进一步破坏细胞的 DNA。成年后，我们希望细胞生长减慢，而不是加速（尽管那些向你兜售促进生长的"抗衰老"激素或补品的小贩会告诉你，我们应该促进细胞生长）。因此，我们的目标是维持足够但不过量的蛋白质摄入，主要指的是动物蛋白。植物蛋白中增加胰岛素样生长因子 1 含量的氨基酸要少得多。这就是为什么将地中海式饮食结构与间歇性禁食结合是保持这种平衡的理想选择。

下一章会讲述圣山上希腊东正教的修道士们是地球上最健康的人群之一。研究反复表明，在他们紧密联系的社会关系中，几乎没有人听说过癌症，几乎不存在中风和心搏骤停，而且类似阿尔茨海默病和帕金森病的疾病也极为罕见。事实证明，这些修道士的平均寿命比住在希腊大陆的男性长几年。他们的生活方式的确为我们揭示了一些令人惊讶的秘密。

第四章

冲绳人、修道士

和基督复临安息日会信徒

每个人体内都住着一位医生，我们只需要协助他工作。每个人内在的自然治愈力量是康复的最大力量。我们应该把食物当作我们的药。我们的药就是我们的食物。但是，生病时吃东西是在养活疾病。

——希波克拉底

冲绳人、修道士和基督复临安息日会信徒有什么共同点？和侏儒综合征患者一样，这些人通过保持自噬活跃而健康长寿。

他们是怎么做到的？让我们来探究一下这三个与众不同的群体，他们与我们生活在同一星球上，但是他们的寿命更长，生活也更健康。通过研究其生活方式，我们可以了解其成功秘诀，并应用于自己的生活中。这需要探索人体的三种生物奇迹。

- 热量限制。
- 间歇性禁食。
- 蛋白质循环。

首先，我们来看看冲绳人，他们的生活方式体现了减少蛋白质和热量摄入的好处。

卡路里少，寿命长

冲绳是日本最南端的县，也是该岛链中最大的一个岛，位于东京以南约 1 000 英里处，属亚热带气候。冲绳人以日本（乃至世界）寿命最长的人而著称，主要是因为他们不患与年龄相关的主要疾病（如糖尿病、心脏病、中风和癌症），或比其他地区的人患病时间更晚。上述疾病在冲绳的发生率为全球最低。日本人口仅是美国的40%，但该国目前在世的百岁老人比美国的百岁老人多，有的人甚至超过了 110 岁。日本寿命最长的人是大川美佐绪，她于 1898 年出生在大阪市，2015 年去世，享年 117 岁。在她 117 岁生日那天（大约在她死于心力衰竭的前一个月），她说 117 年似乎很短暂。当被问到其长寿秘诀时，她开玩笑地回答："我也对此感到好奇。"

冲绳人衰老进程缓慢，并且心脏病发病率仅为西方的 20%。布拉德利·威尔科克斯博士和克雷格·威尔科克斯博士是一对从事冲绳百岁老人研究的兄弟，该研究始于 20 世纪 70 年代，由佐佐木诚博士开创。研究发现，在冲绳，乳腺癌非常罕见，因此当地人无须进行常规乳房 X 射线筛查，大多数老龄男性都不谈论甚至毫不担心前列腺癌。[1]大体而言，他们一生中 97% 的时间都没有残疾困扰。但是研究发现，当该地居民移民到日本大陆或夏威夷时，很快就会失去健康优势，这意味着其长寿的原因与遗传没有紧密联系。冲绳是日本最贫穷的地区，这与当地居民的平均寿命最长并不是巧合。几十年来，冲绳人习惯吃饭只吃到八成饱。无论是出于文化因素还是节俭目的，冲绳人所消耗的卡路里通常都比日本大陆成年人少 20%。

冲绳人长寿有许多原因：进行武术、散步、园艺和传统冲绳舞蹈等体育活动，进行精神活动和减轻压力，拥有社会支持以及良好的医疗保健系统。但是饮食是他们成功的基础。[2]正如进行冲绳百岁老人研究的人类医学家、老年学家克雷格·威尔科克斯所说的那样，日本冲绳地区的传统饮食模式具有以下特点。

1. 大量食用低血糖蔬菜（大约占总卡路里的 73%），例如非淀粉类蔬菜（如洋蓟、芦笋、鳄梨、西蓝花、卷心菜、花椰菜、芹菜、黄瓜、绿叶蔬菜、蘑菇、洋葱、辣椒、菠菜、西葫芦、西红柿）。血糖指数（GI）是约 40 年前提出来的，用于衡量食物（尤其是含碳水化合物的食物）如何影响血液中的葡萄糖含量。血糖指数使用 0~100 的等级，并且使用纯葡萄糖作为食品的参考指标。纯葡萄糖的血糖指数为 100。胃肠道消化率高（血糖指数通常为 70 以上）的食物会被迅速消化和吸收。这会导致血糖快速升高，进而引发胰岛素水平飙升（胰岛素负责将葡萄糖从血液中吸收并运入细胞内）。低血糖指数食品（通常值为 1~55）的消化速度较慢，导致血糖和胰岛素水平平缓升高。有些低血糖指数食品几乎不会改变血糖水平。血糖指数为 56~69 的食物被视为"中等"。

2. 大量食用豆类，主要以豆腐和酱油的形式。冲绳豆腐的含水量低于日本豆腐，但健康脂肪酸和蛋白质的含量更高。

3. 适量食用鱼类（约占每日卡路里的 1%），尤其是在沿海地区。

4. 少量食用肉类和肉类产品（少于每日卡路里的 1%）。

5. 少量食用乳制品（少于每日卡路里的 1%）。

6. 适度饮酒。

7. 摄入低卡路里。

8. 大量摄入鱼类中的 Omega-3（欧米伽 –3）脂肪酸。

9. 单不饱和脂肪酸比例高。

10. 总体注重摄入低血糖指数碳水化合物。

11. 少量食用水果（少于每日卡路里的 1%）。

12. 少量食用蛋白质（每天约 39 克）。

13. 大量食用纤维素（每天约 23 克）。

传统冲绳饮食的蛋白质含量特别低，足以达到限制蛋白质摄入的水平，从而关闭雷帕霉素机制靶蛋白信号通路，并显著降低胰岛素样生长因子 1 水平。

值得注意的是，冲绳人对于蔬菜，尤其是甜土豆和大豆的摄入量很大，而肉类和乳制品却很少作为其蛋白质的主要来源。从 17 世纪到大约 20 世纪 60 年代，冲绳人一直以红薯（其卡路里密度很低）为主食，50% 以上的卡路里来自红薯。（你可能会认为红薯的血糖指数较高，但与血糖指数高达 85 的烤土豆相比，红薯的血糖指数不值一提。熟红薯的血糖指数在 45 左右，并且其碳水化合物和卡路里比葡萄糖更少。）冲绳百岁老人研究人员测量了岛上八旬老人的脱氢表雄酮水平，并将其与美国加利福尼亚州圣迭戈北部山区兰乔伯纳多的人口进行比较，之后发现冲绳人的激素水平更高。脱氢表雄酮是一种由人体合成的激素，不能与 Omega-3 脂肪酸二十二碳六烯酸（DHA）混淆。它由肾上腺分泌，是最丰富的循环激素之一。作为其他激素（例如雌激素和睾酮）的前体，脱氢表雄酮水平随年龄增长而稳步下降，因此，它是衡量人体衰老速度的良好生物标志。冲绳人的天然雌激素和睾酮水平也高于美国同龄人。健康的饮食和持续的体育锻炼可以解释为什么这些激素在冲绳老年人体内仍然如此之高。

如果说饮食是冲绳人长期无病的主要秘诀，那么他们饮食习惯中的哪一个才是最重要的因素呢？在刚才列举的所有特点中，有一个比较突出——热量限制，这是目前公认的最有效的衰老干预措施，它可以延缓从酵母到哺乳动物等各物种的衰老，并延长生物的寿命。它也是最有效的、可重复的生理干预措施，可专门针对哺乳动物的癌症预防。在科学界，认为生物体可以通过急剧减少卡路里摄入而活得更长、更健康的想法，并不是一门新科学。自 1935 年康奈尔大学著名营养学家克莱夫·麦凯、玛丽·克罗韦尔和伦纳德·梅纳德在《营养学期刊》（*The Journal of Nutrition*）上联合发表开创性论文以来，涉及热量限制对寿命和健康有益处的论文已经被广泛评论，并在过去几十年中被引用了数千次。[3] 麦凯团队率先证明了在减少小鼠卡路里摄入而不引起营养不良的情况下，小鼠寿命几乎翻了一番。

其研究为以后证明延缓衰老的研究奠定了基础。近半个世纪后，理查德·魏因德鲁赫和罗伊·沃尔福德发表的论文提到，在小鼠 12 个月（相当于人类 30 岁）大时进行"成年开始的"热量限制，不仅增加了小鼠的寿命，还将其自发性癌症发生率降低了 50% 以上。[4] 自那时起的几十年时间里，实验室研究反复证明了热量限制对于蠕虫、苍蝇、啮齿动物和灵长类动物的抗衰老价值，这一事实强烈暗示着热量限制对人类可能同样有效。从生命进化角度来看，热量限制对于不同物种的抗衰老效果指向某种高度保守的效应，该效应可能涉及共同的基因。

冲绳人的饮食习惯——在受西方文化影响之前（第二次世界大战后，美国在冲绳建立了军事基地，雇用了数以万计的当地人，建起了美国杂货店、餐馆、快餐店等）——是热量限制饮食的典范。在第二次世界大战之前，冲绳人每天大约摄入 1 780 卡路里①，比通常建议的保持体重要摄入的热量少 11%~15%。（通常，成年人一天的饮食大约包含 2 000 卡路里。）未遵循热量限制饮食的冲绳人在所有年龄段都有较高的身体质量指数（BMI），其罹患 2 型糖尿病和心脏病的风险也较高。

根据定义，热量限制是指，在不引起营养不良或不缺乏必要营养的情况下摄入较少的卡路里。这会触发人体的许多生物效应，最终模拟雷帕霉素等药物的长寿功效（在第一章中进行了讨论）。尽管控制热量限制作用的分子机制仍在研究中且有一些不同意见，但人

---

① 本书中提到的卡路里指大卡。——编者注

们越来越广泛地接受这一假设：热量限制和寿命延长涉及胰岛素信号的下调和自噬的上调。

2017年，由威斯康星大学麦迪逊分校和美国国家衰老研究所的一些研究人员组成的合作研究小组在《自然》杂志上发表文章，文章中提到长期限制热量摄入可提高恒河猴（该灵长类动物具有类似于人类的衰老模式）的健康水平，这表明"热量限制可能对人类健康有影响"。[5] 研究人员之一是较早成名的理查德·魏因德鲁赫博士，他描述了一只猴子从16岁（猴子生命的中晚期）开始采用30%的热量限制饮食。这只名为"坎托"的恒河猴现已超过40岁，是该物种的长寿纪录，相当于人类活到130岁以上。

我在第三章中介绍了由南加州大学的瓦尔特·隆哥领导的另一项最新研究，其团队认为，可能存在某种不需要挨饿就能抗衰老的方法。他推荐的是所谓"模仿禁食的饮食"方法——每个月只需要执行五天，持续三个月，并每隔一段时间重复一次。隆哥教授指出，这个方法"在减少与衰老和年龄有关疾病的危险因素方面是安全、可行、有效的"。[6]

在隆哥的研究中，受试者需遵循精心设计的方案进食，该方案要求在第一天限制50%的热量（总计约1 100卡路里），在接下来的四天限制70%的热量（约700卡路里），之后在这个月的剩余时间里，可以不设限地吃任何东西。方案的基本理论是，在禁食后的恢复期内出现再生效应。即使只要求限制五天的热量，也不是每个人都能做到的。受试者的放弃率高达25%。但是坚持下去的人都受益良多，尤其是肥胖或不健康的人。三个月后，受试者不仅体重下降

（没有肌肉的损失），血糖、血脂和胆固醇也有所下降。更喜人的是，即使他们已经恢复了正常饮食，这些益处还至少保留了三个月。

出于自愿，许多人多年来一直在极端地限制热量。因为他们相信这么做能延长寿命，并维持健康。正如美国国家衰老研究所描述的那样，研究发现，那些限制热量的人体内的某些疾病（例如心血管疾病和糖尿病）的危险因素水平非常低。但是获得这些益处可能要付出相应的代价。研究还发现了许多其他生理效应，其长期益处和风险尚不确定。同时，这些人的性欲降低，在寒冷环境中维持体温的能力也有所下降。这些人通常食用各类营养补充剂，让研究人员无法确定哪些影响是限制热量而不是其他因素引起的。因此，你可以放心，像冲绳人这样的安全做法就足够了。你不必将热量限制发挥到极致。我们需要尊重收益递减法则。

为了对人体热量限制进行更为严格的研究，美国国家衰老研究所正支持一项由杜克大学医学院指导的开创性临床试验，即"减少能量摄入长期效应综合评估"（Comprehensive Assessment of Long-Term Effects of Reducing Intake of Energy，简称 CALERIE）。[7]这项研究正在路易斯安那州巴吞鲁日的彭宁顿生物医学研究中心、波士顿塔夫茨大学美国农业部老年人类营养研究中心，以及密苏里州华盛顿大学圣路易斯医学院进行。尽管该研究仍在进行中，但自 2007 年开始研究以来，我们已经得出了一些数据。该研究招募了 218 名青年人和中年人（有的体重正常，有的中度超重），并将他们随机分为两组。实验组被告知必须进行为期两年的热量限制饮食，而对照组则遵循常规饮食。

该研究旨在使实验组每天的卡路里摄入量比研究前的常规摄入量减少 25%。由于难以将热量削减太多，受试者无法达到目标，但还是设法将其每日的卡路里摄入量减少了 12%，并收获了益处。受试者在两年中体重平均减轻了 10%。重要的是，在该研究结束两年后的随访中发现，受试者大都保持了减轻后的体重。

我想在此重申，热量限制饮食不是饥饿饮食。在 CALERIE 试验中，受试者通过热量限制减轻后的体重，仍处于正常范围甚至超重，但是显示出他们患上许多疾病的危险因素有所减少。与对照组相比，热量限制组患上与年龄相关疾病（如糖尿病、心脏病和中风）的危险因素减少（血压降低和低密度胆固醇水平降低）。他们的炎症因子和甲状腺激素也有所减少（下文会有关于甲状腺的内容）。有证据表明，以上物质水平的降低，与延长寿命和降低患上与年龄相关疾病的风险有关。并且，在进行热量限制饮食的人中，未发现热量限制对生活质量、情绪、性功能和睡眠有负面影响。

热量限制的确会导致骨密度、去脂体重（即肌肉）和有氧运动能力（身体在运动过程中使用氧气的能力）略有下降。但是，基于受试者的体重减轻，这些数值的下降通常不会超过预期。其他短期研究发现，将体育锻炼与热量限制结合起来，可以防止骨质流失、肌肉减少和有氧运动能力下降。我们还需要注意另一个信息：锻炼有助于消除热量摄入受限可能带来的副作用。补充一点，CALERIE小组将继续接受世界各地研究人员的评估。例如，2019 年，来自巴西和加拿大的研究团队得出结论，在过去两年中，与饮食不受限的对照组相比，进行热量限制饮食的健康受试者的工作记忆得到了改善。该研究论文写道，这个结果"为预防和治疗认知缺陷开辟了新的可能性"。[8]

减少大量卡路里摄入后，体内会发生什么？在人体感觉不到热量缺乏的前提下，减少热量摄入的关键是什么？第二个问题稍后再做讨论。现在，我们先解决第一个问题。

热量限制会对生长激素产生影响，进而影响胰岛素和胰岛素样生长因子1的水平，调低维持"生长"的开关（雷帕霉素机制靶蛋白），以便调高自我清洁（自噬）过程。前文提及，安德烈泽·巴特克博士的侏儒小鼠寿命比正常小鼠长得多，这可能归因于生长激素缺乏症。这与自噬直接相关。随着生长激素减少，起清洁作用的自噬增加了。热量限制和自噬之间有什么关系？以热量限制的形式给身体施加轻微压力时，人体就会开启自噬，进而蛋白质转换和细胞修复会增加。换句话说，你的身体正被迫进行自我更新！就像我们在改建厨房时，要先拆除旧设备，再引入新设备并喷漆一样，人体内也会发生同类活动。某些蛋白质和组织被破坏，然后形成新的蛋白质和组织来替代它们。这就是自噬的本质。

事实上，最令人信服的衰老理论之一是，缺乏蛋白质转换；如果人体在制造新蛋白质的过程中无法分解并处理旧蛋白质，那么受损的旧蛋白质就会积聚并造成严重破坏。（注意，这个过程不仅发生于肌肉，还发生在从心脏到皮肤的各个器官，因为蛋白质在人体内无处不在。）因此，平衡蛋白质转换至关重要，而热量限制会刺激蛋白质转换。

许多使用实验动物的研究都集中在探索热量限制的作用上。热量限制会影响许多人类已知的控制衰老速度的生物过程，包括炎症、葡萄糖代谢、蛋白质结构维持、为细胞过程提供能量的能力，以及对 DNA 的修饰。受热量限制影响的另一个重要过程是氧化应激，即产生有氧代谢的有毒副产物（自由基），它会损害细胞和组织。我敢肯定，你听说过自由基，它们就像体内的游离原子一样，积累在体内会对人体造成伤害，并且不会被抗氧化剂分解。

CALERIE 人类试验中，上述许多过程同样受到热量限制的影响。研究发现，当受试者降低卡路里摄入量时，其身体提高了自噬能力，从而带来积极影响，比如机体全面减缓衰老。从 25 岁开始就少吃 15% 的食物，这是医学领域许多专家都同意的热量限制方案。埃里克·拉武辛博士在巴吞鲁日的彭宁顿生物医学研究中心研究人类健康和性能，同时也是领导 CALERIE 研究的科学家之一。他说，这么做（从 25 岁开始就少吃 15% 的食物）可能会增加 4.5 年健康寿命。[9]

另一项由圣路易斯大学的爱德华·魏斯博士和其同事进行的研究也值得一提。[10] 他们研究了 50~60 岁不吸烟、不肥胖、身体健康但久坐不动的男女。他们将受试者分为三组——热量限制组、运动组和对照组，然后随访一年。热量限制组每天减少 300~500 卡路里的摄入（如果你想知道如何轻松地做到这一点，请参阅之后方框里的内容）。运动组保持日常饮食并定期锻炼。尽管热量限制组和运动组的体脂质量都有相似的变化，但只有热量限制组的甲状腺激素水平较低。

甲状腺激素水平低听起来是一件坏事，许多人通过补充甲状腺激素来改善可能导致甲状腺功能减退或甲状腺功能低下的甲状腺功能失调。甲状腺功能亢进也是存在的，但前者更为常见。可以肯定的是，由颈部腺体产生的甲状腺激素对于多种生理功能都很重要。它会影响人体生长、新陈代谢速率和能量消耗，并有助于维持认知以及骨骼和心血管健康。这就是为什么甲状腺功能失调可能对人体健康有害。值得关注的一点是：事实证明，在许多物种中，某些形式的甲状腺功能减退往往与寿命增加有关。甲状腺激素水平低似乎是在长寿家庭中遗传的。研究人员认为，较低的甲状腺激素活性可能会使人体的能量消耗从生长和增殖转移到保护性维持（自噬），从而使人体更健康。另一种解释是，人体的氧化应激降低。当然，"降低"功能并不意味着"超出正常范围"。正常范围内的甲状腺功能减退，既可以收获健康甲状腺对身体的益处，又可以延长寿命。

魏斯博士正继续致力于其研究，记录热量限制和体育锻炼对人体的益处，特别是将两者结合的情况。其实验室最近发现，即使减轻的体重相同，热量限制和运动相结合促进新陈代谢（尤其是葡萄糖调节和胰岛素敏感性）的程度也远远超过单一干预措施。[11] 本书第九章提供了可行的热量限制方案以供参考。现在，让我们聚焦一些长寿的修道士。

如何每天轻松减少 500 卡路里

1. 不吃面包；吃沙拉，而不吃三明治。
2. 将苏打水换成白开水。

---

3. 不在黑咖啡中加甜味剂或其他添加糖（也不喝混合咖啡）。

4. 在家做饭。叫外卖、去餐馆就餐、加热预制食品（以及食用过度加工的食材）会摄入更多的卡路里。

5. 细嚼慢咽。发表于《美国饮食协会会刊》（*Journal of the American Dietetic Association*）的研究表明，细嚼慢咽可以让每餐最多减少摄入 300 卡路里。一天会减少摄入远远超过 500 卡路里。[12]

6. 早餐前锻炼身体。2015 年，日本的一项研究发现，与晚上进行相同的运动相比，在早餐前运动会使全天多消耗大约 280 卡路里。[13] 此外，请注意，不在晚上 7 点后进食，将减少摄入 520 卡路里。2013 年发表在《英国营养学期刊》（*British Journal of Nutrition*）上的一项研究表明，不在夜间吃零食可以使人们每天减少摄入 240 卡路里。[14]

7. 吃饭时收起手机。发表在《美国临床营养学期刊》（*The American Journal of Clinical Nutrition*）上的一项研究表明，吃午餐时看手机的人，无论是精读社交媒体、浏览互联网还是沉迷游戏，往往都不记得他们吃好了，总会感觉没吃饱，下午会吃更多零食——他们每天多摄入了约 200 卡路里。[15]

像修道士一样生活（长寿）

有一些希腊修道士几乎不患癌症、心脏病或阿尔茨海默病。他们的寿命也比希腊人的平均寿命长约 10 年。这些人是谁？他们是一群人数约 2 000 名的希腊东正教修道士，居住在希腊东北部阿索斯山上的 20 余座修道院里。在过去几千年中，阿索斯山的生活几乎没有改变。修道士们大部分时间都忙于做家务：打扫卫生、做饭和侍弄菜园。自 1994 年以来，修道士接受了定期检查，其中只有 11 名患上前列腺癌，是国际平均水平的 1/4，并且不存在肺癌和膀胱癌。

在希腊神话中，巨人阿索斯向宙斯扔了一块石头，宙斯把石头砸在马其顿附近的地面上,马其顿的峰顶便成了阿索斯山的圣峰。尽管它与希腊大陆相连,但它由一个长半岛组成,该半岛陡峭的侧面被波涛汹涌的海洋所包围。公元前5世纪,希腊历史学家希罗多德写道,波斯人在阿索斯山海岸附近的一场风暴中损失了300艘船和2万名船员,使波斯将军马尔多尼乌斯撤回了小亚细亚。公元前411年,斯巴达人在这片危险的海域损失了50艘船。时至今日,半岛仍然只能乘坐轮渡进入。

《圣经》中记载,圣母玛利亚在基督去世后与福音传教士圣约翰一同前往塞浦路斯,拜访拉撒路。在一场突如其来的暴风雨中,他们的船驶向了阿索斯山半岛。玛利亚走到岸上,立刻被这片美丽的土地迷住了。她祝福了这座岛屿,并请求儿子耶稣把它作为花园送给她。传说有一个声音飘来:"让这个地方成为你的遗产和花园,为那些寻求拯救的人提供一个天堂。"从那时起,出于对圣母玛利亚的尊重,岛屿不允许任何女性进入。

修道士大约在3世纪抵达阿索斯山。有一个传说是,因为修道士和牧羊女在一起后变得过于活泼,因而禁止女性进入;另一个传说是,有几位修道士报告在岛上看到圣母玛利亚异象之后,决定修道士们应该献身于她,所以不允许其他任何女人比圣母玛利亚更耀眼,因而禁止女性进入。至少从9世纪开始,希腊这个自治州就一直被称为修道士的圣地,而且能进入该岛的人也仅限于男性。即使是现在,每天的到访者数量仍然有限,女性依旧被禁止进入。阿索斯山因其文化(其宗教艺术作品和文字可以追溯到一千年前)与自然意义,被联合国教科文组织认定为世界遗产。

阿索斯山的修道士们十分神秘，而除了该地区的传说以外，世人谈论最多的就是他们非凡的身体素质。和冲绳人一样，阿索斯山的修道士们健康的体魄在很大程度上也归功于他们的饮食习惯。修道士们每天吃两顿地中海式饮食，两餐都只吃 10 分钟。早餐只吃硬面包和饮用茶水。晚餐包含一些鱼、面包、豆类、自产的水果和蔬菜以及红酒（由于当地禁止畜牧业和家禽养殖，所以乳制品和鸡蛋都是由周围地区提供的，但修道士们确实吃奶酪和鸡蛋）。一些海边修道院专门捕捉章鱼，会将章鱼砸在岩石上使它变得更美味。修道士们还会给阿索斯山上的猫喂鱼，这些猫因其捕鼠能力而受到修道士的庇护。（母猫是阿索斯山上唯一允许存在的雌性，正是无雌性政策限制了当地的畜牧业和家禽养殖。）

修道士们一周斋戒三天，斋戒时吃纯素食。在希腊东正教中，斋戒意味着禁食肉类、某些鱼类、乳制品（牛奶、奶酪和酸奶）、油和酒。修道士们只有在极少数节日里才吃蛋糕或冰激凌之类的甜食，就算食用也只是浅尝辄止。东正教基督徒的圣书建议，每年总共禁食 180~200 天。

克里特大学的希腊研究员卡捷琳娜·萨里研究了希腊东正教斋戒对血脂和肥胖的影响。[16] 她将 60 名在每年神圣节日前后进行斋戒（圣诞节前斋戒 40 天，大斋节斋戒 48 天，圣母升天节前斋戒 15 天）的人，同当地不斋戒的成年人进行比较。希腊东正教斋戒需要周期性食用素食，也可以食用一些海鲜，如虾、鱿鱼、墨鱼、章鱼、龙虾、螃蟹等，还有蜗牛（因为和那些海鲜一样不含"脊椎"），它们都是全年斋戒日时允许食用的。与不斋戒的人相比，斋戒受试者的总胆固醇降低了 12%，低密度脂蛋白水平降低了 16%，高密度脂蛋白水平略低，但其低密度脂蛋白 / 高密度脂蛋白比率更好。

间歇性禁食（有时被称为限时禁食）已有数千年的悠久历史（部分原因是大多数宗教都将禁食纳入其习俗）。你可能会猜到，禁食和热量限制之间存在重叠，因为禁食本身会导致热量限制。而且有些禁食策略，例如前文描述的隆哥博士的方案，需要在某些日子里禁食，在其他日子里减少卡路里摄入。

公元前 4 世纪的希腊医生希波克拉底是西医之父之一，也是《希波克拉底誓言》的提出者。他在自己的著作中提出，可以通过完全戒除饮食来治疗癫痫。罗马时代的希腊哲学家普鲁塔克在题为《保持健康的忠告》（Advice about Keeping Well）的文章中写道："与其吃药，不如禁食一天。"杰出的阿拉伯医学家阿维森纳经常禁食至少三个星期。

古希腊人使用禁食和热量限制饮食的方法来治疗癫痫病。希腊医师埃拉西斯特拉图斯宣称："癫痫患者应该毫不犹豫地禁食，并且要少囤口粮。"2 世纪在罗马帝国执业的著名希腊医师和外科医生盖伦，建议采用"减脂饮食"的方法。20 世纪 20 年代，密歇根州巴特尔克里克的美国整骨疗法和信仰治疗师休·康克林恢复了一种基于禁食的癫痫治疗方法，建议进行 18~25 天的"水饮食"。

在古代，禁食也被用于身体排毒和心灵净化，以达到完全的自然健康状态。希腊哲学家毕达哥拉斯先让门徒们进行 40 天的斋戒，然后才向他们传授哲学。他声称只有经过 40 天斋戒，追随者们的思想才能得到充分净化和澄清，才有可能理解深刻的人生奥秘。本杰明·富兰克林也提出"所有药物中最好的就是静息和禁食"。

2014年，瓦尔特·隆哥博士和美国国立卫生研究院的研究员马克·马特森发表了一篇经同行评议的论文，其中提到："我们现在知道，禁食可导致生酮生成，促进新陈代谢途径和细胞过程的有效变化，如抗应激、脂肪分解和自噬等，并且在某些情况下，具有与批准药物一样有效的医学应用，如抑制癫痫发作和与癫痫发作相关的脑损伤，以及改善类风湿关节炎。"[17]

约翰斯·霍普金斯大学医学院神经科学教授、美国国家衰老研究所神经科学实验室主任马克·马特森，是该领域多产的研究人员。他清楚禁食不仅对癫痫发作的人有好处（下一章将介绍癫痫和生酮饮食的历史），此外他参与了部分前文提到的研究，对禁食如何改善认知功能并降低罹患神经退行性疾病的风险特别感兴趣。马特森博士进行了一些研究，对动物进行隔日禁食，并在非禁食日限制10%~25%的热量摄入。根据其研究，"如果在动物还年轻时重复上述操作，其寿命会延长30%"。[18]进食后动物的神经细胞对退化的抵抗力更强。他对女性进行了为期几周的类似研究，发现她们减掉了更多体脂，保留了更多肌肉，血糖控制也得到了改善。[19]

讽刺的是，触发这些生物学行为的机制不仅有自噬，还有压力。在禁食期间，细胞处于轻度压力下，通过增强其应对能力以及抵御疾病的能力来应对这种压力。其他研究也证实了这些发现。[20]正确禁食可以降低血压，提高胰岛素敏感性，增强肾功能、脑功能，增强再生免疫系统以及对疾病（包括癌症）的抵抗力。然而，充分利用禁食的秘诀在于遵循某种方案，在保持新陈代谢的同时提高自噬。基于每个人的身体活动水平，禁食 12~24 个小时通常会导致血糖降低 20% 或更多，肝糖原消耗殆尽，从而触发脂肪燃烧来提供能量。

各种"禁食饮食"已经很流行，所以你可能对间歇性饮食已有所耳闻。此类项目（和相应的书籍）鼓吹道，如果每天只吃一顿饭，那么可以想吃多少就吃多少；或建议每周禁食两天到三天，那么在剩下的日子里就可以狂吃豪饮。但事实是，没有明显证据表明上述做法会触发足以改善人体健康并降低患病风险的自噬水平。我将在第九章中列举多种禁食方法。迄今为止的证据表明，最佳禁食时长大约为 16 个小时：只需要在晚上 7 点之后停止进食，第二天早上不吃早餐，就可以轻松达成目标。[21] 这个方法确实很可行。然而，这与传统观念背道而驰。传统观念认为，我们应该在中午到下午吃掉大部分日常食物。

如果从地球上寿命最长的人类的饮食模式来看，我们会清晰地发现，其饮食模式显然不像美国人典型的放牧模式那样，但是其饮食也是每日三餐外加零食。如果你可以禁食一整晚，并且每周少吃几次早餐，同时减少其他几天的总体热量摄入，那么你将生活得更健康、更强壮，复原能力也会更强。至少要在一定时间后（例如下午 2 点）停止进食。实际上，2019 年，彭宁顿生物医学研究中心的埃里克·拉武辛参加了亚拉巴马大学的一项研究，该实验的论文引人注目，文中展示了限时饮食对新陈代谢、衰老和自噬的作用。[22] 这是一项仅涉及 11 人的小型研究，但记录了令人震惊的结果。当受试者仅在上午 8 点到下午 2 点进食时，他们的 24 小时血糖水平、昼夜节律信号、自噬以及和自噬有关的基因表达都有显著改善。（注意：进餐时间安排似乎听起来令人困惑，但是你不必自己设计时间限制计划，本书会为你提供一些选择。）

另一个经常被忽略的关键策略是蛋白质限制。没错！人体不需要摄入太多蛋白质。前文提到过蛋白质在体内的转换能力，蛋白质限制与此有关。尽管一般性热量限制对减轻体重有益，但蛋白质限制才对健康有益。如果对你来说，削减卡路里摄入量难于登天，而你又不需要减肥，那么有一个好消息是，限制蛋白质摄入（不限制卡路里）是促进人类健康、抗衰老最有希望的干预措施之一，而且它不会让你感觉好像在限制自己吃东西，因此我们最好称之为蛋白质循环。

蛋白质过多的危害

蛋白质对于人体生长和自我修复至关重要。富含蛋白质的食物（例如肉、蛋、鱼、豆类和乳制品），会在胃中分解为氨基酸，并在小肠中被人体吸收。然后，肝脏会筛选出身体所需的氨基酸，其余的则会在尿液中被冲走。蛋白质为人体每个细胞提供结构支撑，是皮肤、关节、骨骼、指甲、肌肉等的组成部分。在非过分复杂的情况下，蛋白质也参与了免疫系统功能、激素调节以及信号从一个器官到另一个器官的传递。

建议不经常运动的成年人每千克体重每天摄入大约 0.75 克蛋白质。平均而言，男性为 55 克，女性为 45 克，大约是两份手掌大小的肉、鱼、豆腐或坚果。蛋白质摄入不足会导致肌肉力量和功能下降、头发稀疏、皮肤溃烂以及随着肌肉质量下降进而体重下降。但这些副作用非常罕见，大多只发生在饮食失调的人身上。更令人困扰的常见问题是，蛋白质摄入过多。

世界上的所谓"蓝色地带"，是指那里的居民（例如冲绳人和希腊修道士）因基因或生活方式获得了卓越的健康和长寿；而在美国，"蓝色地带"指的是加利福尼亚州的洛马林达（来自西班牙语，意为"美丽的山丘"），在洛杉矶市中心以东。2005年，《国家地理》杂志将洛马林达列为世界上人类寿命最长的三个地方之一。与烟雾弥漫的洛杉矶不同，洛马林达人口稀少，其23 000名居民中约9 000名是基督复临安息日会的信徒。遵循基督复临安息日会教义的居民倡导没有暴饮暴食的健康生活，他们的寿命比美国其他城镇的居民长约10年。该教会鼓励成员多做运动，避免摄入有害物质，例如烟草、酒精和会影响精神的物质，避免食用肉类，建议均衡素食饮食，摄入豆类、全谷类、坚果、水果和蔬菜，此外，还推荐食用维生素 B$_{12}$的来源，例如鸡蛋、酸奶、奶酪等，或直接食用补充剂。简而言之，洛马林达地区饮食中的蛋白质（尤其是动物蛋白）含量远低于美国人均水平。（从事该领域研究的顶尖科学家称，大多数美国人消耗的蛋白质大约是人体所需的两倍。）大众对古饮食、穴居人饮食和肉食动物型饮食的推崇，推动了这种以蛋白质为中心的健康潮流。

由于注重限制精制碳水化合物和糖的摄入，目前流行的穴居人饮食具备优点。但是这些饮食方式也有不利的一面：低碳水化合物／古饮食通常会导致过多摄入动物蛋白，从而在许多方面对人体不利。[23]

高蛋白质饮食会造成令人诧异的后果，具体影响如下。

- 肾脏损害：肾脏很难大量摄取蛋白质，因此必须过滤掉构成蛋白质的氨基酸中多余的氮。这对任何有肾脏疾病或易患肾脏疾病的人来说尤其成问题。
- 体重增加：尽管短期内减重效果显著，但最终所有多余的蛋白质都会以脂肪的形式储存起来，多余的氨基酸会在尿液中排出。
- 罹患心脏病的风险增加：高蛋白饮食通常包含更多饱和脂肪和胆固醇，这两者都增加了患上心血管疾病的风险。此外，2018 年的一项研究表明，长期食用红肉会增加氧化三甲胺，一种由肠道分泌的与心脏疾病有关的化学物质。[24]
- 患癌风险增加：许多高蛋白饮食都支持食用红肉的蛋白质。多项研究表明，多吃红肉和加工肉与罹患某些癌症有关，尤其是乳腺癌、前列腺癌和结肠癌。事实上，在 2014 年的一项研究中，研究人员对大批成年人样本进行了近 20 年的追踪调查，结果发现，在中年时期食用高蛋白食物的人，死于癌症的比例是低蛋白饮食者的 4 倍，这与吸烟的死亡率不相上下。[25] 罪魁祸首是，随着过量摄入蛋白质，形成的生长激素和胰岛素样生长因子 1 水平的升高。研究表明，中年时期食用高蛋白食物的人，其体内的胰岛素样生长因子 1 浓度每上升 10 毫微克，死于癌症的概率就比低蛋白饮食者高 9%。该研究还显示，进行高蛋白饮食（定义为每日摄入的总热量中有 20% 或以上来自蛋白质）的 50~65 岁人群的总死亡率增加了 75%，死于糖尿病及相关疾病的概率增加了 73 倍。进行中度蛋白质饮食（每日摄入的总热量有 10%~20% 来自蛋白质）的人群的糖尿病死亡率，几乎是进行低蛋白质饮食（每日摄入的总热量不到 10% 来自蛋白质）人群的 23 倍，癌症死亡率则是低蛋白饮食人群的 3 倍。这不由得让我想起了新陈代谢的结果……

- 代谢紊乱的风险增加：摄入过多的糖会增加葡萄糖不耐受、胰岛素抵抗和患 2 型糖尿病的风险。那么摄入过多的蛋白质呢？事实证明，也会极大地增加上述风险。该类实验可以追溯到 20 世纪 90 年代中期，实验表明，高蛋白饮食与葡萄糖不耐受、胰岛素抵抗和 2 型糖尿病的发生率增加有关。2017 年，发表于《美国医学会杂志》的一项研究，对在 2012 年死于心脏病、中风和 2 型糖尿病的 70 多万人进行了研究。[26] 研究发现，近 50% 的死亡与营养选择不当有关。对于已经患有糖尿病的人来说，如果他们过多食用加工肉类，那么死亡的风险就会增加（在过去的 50 年中，加工肉类的消费增加了约 33%）。哈佛大学公共卫生学院的研究人员，分析了对男性和女性医疗保健专业人员进行 14~28 年的跟踪调查后所得出的纵向研究数据，他们计算得出，每天食用一块一副扑克牌大小的红肉，会让成人罹患糖尿病的风险上升 19%。[27] 这个结果是在调整了其他风险因素后得出的。最邪恶的坏蛋是加工红肉，例如热狗和培根：每天食用一块半扑克牌大小的加工红肉，患糖尿病的风险会增加 51%。（美国成年人 10 年患糖尿病的平均风险约为 10%。）2017 年，芬兰研究人员发布的一项研究分析了 2 300 多名 42~60 岁的中年男性的饮食。[28] 在研究开始时，没有任何受试者患有 2 型糖尿病。而在接下来 9 年的随访中，有 432 名受试者患上了 2 型糖尿病。研究人员发现，那些摄入动物蛋白多于植物蛋白的人，患糖尿病的风险要高出35%。其中包括各种肉类：已加工和未加工的红肉、白肉以及杂碎肉（包括舌头、肝脏等器官的肉）。

下面的内容怎么强调都不为过：蛋白质能像碳水化合物一样刺激胰岛素的释放！人们通常不会想到这一点，因为我们更倾向于将胰岛素释放与糖联系起来。胰岛素的工作之一是，将蛋白质分解后的氨基酸运输到肌肉等组织中。但蛋白质不能像碳水化合物那样迅速提供葡萄糖。如果我们大量摄入高蛋白而不加以节制，那么极有可能会引发低血糖，因为释放过多的胰岛素会抑制血糖水平。摄入高蛋白食物时，会释放胰高血糖素以平衡胰岛素，防止血糖过低。但是，在肉类和乳制品中，某些氨基酸似乎比在蔬菜中更有效，例如亮氨酸和异亮氨酸，不仅极大地刺激了胰岛素的释放，而且与其他氨基酸不同的是，它们会抑制而不是促进胰高血糖素的释放。科学家认为，这些氨基酸以及色氨酸会比其他氨基酸刺激更多的胰岛素释放，它们在很大程度上是诱发肥胖和胰岛素抵抗的主要原因，而造成这一后果的饮食习惯便是长期摄入大量肉类和乳制品。

减少蛋白质摄入与促进健康的自噬有何联系？减少蛋白质（尤其是动物蛋白）的摄入量时，胰岛素水平降低，进而胰高血糖素水平提高并激活自噬。这就解释了为什么蛋白质循环（以循环的方式减少蛋白质的摄入）会产生类似于禁食的效果。蛋白质循环能延缓衰老的主要原因之一是，人体无法产生自己的蛋白质。它被迫寻找所有可能的方法来回收人体已经提供的现有蛋白质。人体可以应对无蛋白质时期。追溯到我们的祖先，包括狩猎采集者，他们经常在狩猎失败的情况下长时间生存。除了增强自噬作用外，蛋白质循环、热量限制和间歇性禁食还有助于降低患上糖尿病、癌症和心脏病的风险。请记住，这些都是"文明疾病"，也被称为"过度消费疾病"。

蛋白质循环可能成为代谢最有效的工具，有助于延年益寿、远离疾病。它对于那些认为严格限制热量或禁食不切实际的人来说尤其有利。本书第九章中提供了几种不同的策略，你可以根据自己的喜好进行调整。对于某些人来说，热量限制、禁食和蛋白质循环的有机结合是可行的办法。其他人需要一个不那么严苛的饮食方案。总之，每个人都是不同的，都有各自的健康挑战、目标、风险因素和生活方式选择。关键是要建立起一个基本框架，并在一年中的大部分时间都遵循该框架，养成你自己认为可行且有效的习惯，这有助于实现你的健康目标。

接下来，让我们多了解一下乳制品。

打翻牛奶

乳制品对人体的影响（以及其抑制自噬的作用）令人大跌眼镜，以至于我对其十分警惕，我认为成年人不应该长期食用大量由牛奶制成的乳制品。和其他哺乳动物一样，人类会在哺乳期喝自己物种的奶。然而，在没有驯养家畜的时候，人类在断奶后几乎不可能食用其他哺乳动物的奶及乳制品。只需想象一下捕获野生动物并挤奶的场景。尽管绵羊在公元前9000年被驯养，山羊和奶牛在公元前

8000 年被驯化，但在英国，陶器上的乳制品残留物的历史证据最早只到公元前 4100 年至公元前 3500 年。该线索表明，至少在进化的时间尺度上，乳制品是人类饮食中相对较新的食物。

20 世纪 80—90 年代，"喝牛奶了吗"这句广告语和"牛奶胡子"广告运动风靡一时，在这些广告的影响下长大的大多数人，都非常熟悉"喝完你的牛奶"这句话。无处不在的广告不断劝说我们，如果想成为健康强壮的人（像我们最喜欢的运动员和名人一样），那么就要每天喝牛奶。在成长过程中喝牛奶是一回事，而成年后食用很多乳制品则是另一回事。自从"牛奶运动"兴起以来，人们一直担心牛奶在肥胖症、糖尿病、过敏、消化系统疾病和其他慢性健康问题中所起的潜在作用，从而损害了牛奶的健康光环。在不同人群中进行的病例对照（观察性）研究表明，血清胰岛素样生长因子 1 浓度与罹患前列腺癌之间存在密切而一致的关联。[29] 实验室研究证明，胰岛素样生长因子 1 的增加会促进前列腺癌细胞的生长。

巴氏灭菌法是乳制品身上的另一大问题。尽管此过程确实降低了牛奶污染的风险，但它也会杀死牛奶中的有益细菌（益生菌），改变牛奶蛋白质的天然状态，并将牛奶从营养来源转变为某些人潜在健康问题的来源。巴氏灭菌法还会将牛奶中的乳糖转化为 β-乳糖，使人体吸收速度加快，从而导致血糖升高。

因为牛奶中含有乳清和酪蛋白，所以许多人难以消化牛奶。乳清的摄入会增加人体的胰岛素水平（导致胰岛素耐受性增强和血糖水平升高，进而引起炎症），酪蛋白会促进胰岛素样生长因子 1 的释放（如前文所述，它可以激活雷帕霉素机制靶蛋白并关闭自噬功能）。酪蛋白在某些人身上会引发免疫反应，当然，这会提高人体的炎症水平。[30] 许多健美运动员会长粉刺的原因之一是，他们食用了乳清蛋白奶昔和乳清蛋白棒（一些人使用合成类固醇也无济于事）。乳清和酪蛋白都与粉刺的产生有关。在限制食用蛋白质期间，你需要尝试放弃牛奶，转而使用非动物蛋白的替代品，如杏仁、亚麻或火麻奶。对于想喝传统奶的人来说，羊奶可能是不错的选择。对牛奶（甚至是山羊奶）不耐受的人会发现，羊奶制品（包括某些奶酪）是他们唯一可以安全食用的乳制品。

如果必须要说出哪种饮食方式最成问题，那么我会说过度食用乳制品和动物蛋白是最不健康的饮食方式。你可能认为我应该点名糖、脂肪或盐，但是通常来说，过剩的糖、脂肪和盐会与大量加工过的动物蛋白及乳制品一起摄入体内（想一想美国经典的芝士汉堡配薯条和奶昔）。鲜少耳闻的事实是，乳制品和肉类中大量含有三种会抑制自噬的氨基酸。它们分别是亮氨酸、异亮氨酸和缬氨酸。根据分子结构，它们在营养学界被统称为支链氨基酸。尽管人体需要这些必需氨基酸才能发挥某些功能，但大多数人会过量摄入，从而对其健康产生深远的影响。有充分的文献表明，减少摄入来自动物的支链氨基酸可以改善新陈代谢。最新研究表明，它们甚至可以影响某些激素和雌激素受体。

例如，2019 年《自然》杂志就报道称，对于正在接受乳腺癌治疗的患者来说，如果其饮食中亮氨酸含量过高，那么莫昔芬等化疗药物可能会对其不起作用。[31] 亮氨酸会启动雷帕霉素机制靶蛋白，从而增加细胞分裂和增殖。它不仅会增加正常细胞的增殖，还会增加乳腺癌细胞的增殖，而降低亮氨酸水平则会抑制细胞增殖。也就是说，人类可以通过限制亮氨酸摄入来降低细胞增殖，并使癌细胞饿死。千真万确！正确的饮食可以抗癌。每八个女性中就会有一个患上乳腺癌，我认为以上知识对她们十分重要。大多数（75%）癌症是由雌激素受体阳性细胞组成的，这些细胞需要雌激素和 / 或孕激素才能生长。通常，食用大量健身蛋白质奶昔和巧克力棒的人，罹患癌症的风险更高，原因是，他们正在服用的蛋白质补充剂中含有支链氨基酸。

支链氨基酸确实在体内发挥着作用，并且它们是生长和修复过程中所必需的物质，但我们最好适度食用，而且最好从植物中摄取。当你在一年中的某些月份专注于调节自噬时，你需要避免摄入该营养物质。同样，如果你遵循第九章中提供的饮食方案，那么无须特别注意，便可以自动减少其摄入量。

第五章

癫痫儿童
和世界一流自行车运动员

在古希腊，癫痫被称为"摔倒病"。那时，没有人知道为什么一个人会突然抽搐、痉挛，表现出瘫痪的迹象，甚至口吐白沫。在希腊人之前，古巴比伦人认为恶魔和鬼魂会暂时占据一个人的身体，从而导致癫痫等疾病。（在古巴比伦语中，动词"夺取"也有"占有"的含义，并且该词用于形容癫痫。）当然，我们现在清楚癫痫与超自然的诅咒无关。癫痫是由于大脑神经细胞活动中断而引起的痉挛，并且通常无法预知。癫痫发作期间，患者行为异常，例如出现无法控制的抽搐动作，这是感觉异常的先兆，有时甚至会失去知觉或意识，因此会摔倒。癫痫是人类第四大常见的神经系统疾病，各个年龄段的人都有患病的可能。有些人先天患有该疾病，而有些人则在后天才患病。患有癫痫的儿童极少数可能会随着年龄增长而痊愈，但是对于大多数人来说，这是一种终身疾病。

　　由于引发癫痫的诱因很多，遗传、发育异常、头部外伤、脑部疾病、传染病等都可能引发癫痫，所以癫痫发作的类型不一。但幸运的是，现在已有有效的治疗方法，如药物治疗、饮食疗法和手术治疗。饮食疗法历史悠久。在过去数千年里，饮食疗法是医生治疗癫痫的唯一方法。至今，它仍然是治疗癫痫最有效且无须用药的方法之一，但这种方法在很大程度上只能控制疾病，而无法治愈。我们之所以能确定饮食与脑功能（尤其是癫痫方面）之间的联系，多亏了观察的力量。早在古希腊时期，有先见之明的医生就注意到了食物供应不足时发生的情况。为了让希腊人摆脱超自然病因的观念，医生们介绍了该疾病的自然成因，尽管要真正了解癫痫的病因还需要数千年的时间。

在现代农业和食品分配工业发展之前，人类在历史上经历了频繁的，甚至是毁灭性的严重饥荒。自公元前 5 世纪以来，希腊医师观察到了轻度饥饿对癫痫的影响，所以他们建议通过禁食或周期性挨饿来治疗该疾病（而不是像古巴比伦人那样请驱魔人）。20 世纪初，法国和美国的医生再次指出，可以通过禁食治疗癫痫。1920 年左右，医生观察到饥饿或禁食的病人呼出的气体中有丙酮，血液中有 β-羟丁酸。明尼苏达州罗彻斯特市梅奥诊所的内分泌学家拉塞尔·怀尔德博士认为，这是由脂肪酸生成酮引起的。丙酮和 β-羟丁酸是两种酮化合物，它们在一定条件下会自然地遍布人体。条件包括限制碳水化合物，如在饥荒期间有意识地禁食或挨饿。酮是由肝脏产生的水溶性分子。由于长期挨饿对儿童来说不健康（饥饿导致的营养不良是阻碍儿童成长发育的原因之一），怀尔德博士建议通过食用高脂、低碳水的饮食来治疗癫痫，即"生酮饮食"。他认为这种饮食疗法可以有效缓解癫痫症状，并且饮食的可持续时间比禁食更长。

怀尔德博士因设计了初版"生酮饮食"方法而声名鹊起。实际上，他在医学领域的许多方面都是先驱。他是代谢和营养领域的专家，其职业生涯的大部分时间都在忙着治疗 1 型糖尿病患者，其中大多数是儿童。在多伦多大学的几位医生发现胰岛素后不久，怀尔德博士就成为胰岛素临床使用的领头羊（在此之前，1 型糖尿病患者一旦病发，通常就活不久了）。怀尔德博士在确定胰岛素剂量方面做出了重要贡献。1931 年，他成为梅奥诊所的医学系主任，并坚定主张对营养物质进行更多研究。在推动美国糖尿病协会发展方面，他也起了重要作用。1947 年，他担任了该协会的主席，那时他已临近退休。

20 世纪 60 年代，芝加哥大学的彼得·胡滕洛赫尔博士，用一种名为中链甘油三酯的饱和脂肪代替了饮食中其他形式的油脂。由于中链甘油三酯能产生更多的酮，所以在节食者执行该方案后，可以摄入的碳水化合物量比标准酮饮食所允许的更多。（在大多数西方饮食中，大部分脂肪由长链脂肪酸组成，其中包含 13~21 个碳原子。相反，中链甘油三酯中的中链脂肪酸只含有 6~12 个碳原子。你可能听说过"中链甘油三酯油脂"，该油脂可以改善人体认知功能、减轻体重。椰子油是中链甘油三酯的优质来源，这也是椰子油被称为"健康油"的原因。）1970 年，巴尔的摩市约翰斯·霍普金斯医院的塞缪尔·利文斯顿博士撰写了有关 1 000 多名采用生酮饮食的癫痫儿童的研究结果。其中，超过 50% 的儿童在节食时完全控制了癫痫发作，另有 27% 的人改善了发病情况。但是，随着苯妥英钠和丙戊酸钠等抗癫痫药物开始应用于治疗癫痫，生酮饮食逐渐失去了大众的青睐。一直到 1994 年，这种饮食疗法才得以复兴，这主要依赖于好莱坞制片人吉姆·亚伯拉罕斯的努力——他拼命寻找治愈儿子致命性癫痫的方法。他最终找到了约翰·弗雷曼博士——一名 60 岁的小儿神经病学家，曾在约翰斯·霍普金斯医学院治疗癫痫儿童。弗雷曼博士倡导复兴生酮饮食，并将其作为顽固性癫痫的无药、无副作用的治疗方法，他向医疗机构提出了挑战。在开始生酮饮食短短两天后，吉姆儿子的癫痫症状就消失了。1994 年，美国全国广播公司的电视节目《日界线》（Dateline）报道了这个故事，重燃了大众对生酮饮食的热情。如今，这种饮食还被视为主流医疗方法，在超过45 个国家中作为处方治疗癫痫。抗癫痫药和生酮饮食的结合，可以帮助许多人成功抑制癫痫发作。

　　长期以来，人们不了解饮食对癫痫大脑的作用机理。直到 2005年，埃默里大学健康科学学院进行了一项开创性研究。自那时起，人们开始认为饮食会改变大脑中涉及能量代谢的基因，反过来又有助于稳定与癫痫发作相关的神经元的功能。[1] 新的研究表明，饮食疗法可能成为多种疾病的有效补充疗法，包括孤独症、脑瘤（特别是成胶质细胞瘤）、多囊卵巢综合征、肥胖症和其他代谢综合征、痤疮、肌萎缩侧索硬化（也称卢伽雷病）、阿尔茨海默病、帕金森病、糖尿病、心境障碍和重度抑郁。生酮饮食可改善小鼠的海马记忆缺陷，并延长其健康寿命。[2] 由此可见，该饮食疗法会对生命体产生多种影响。

　　生酮饮食的核心是其超低的碳水化合物、高脂肪（通常 70%～

80% 的卡路里来自脂肪）和适度的蛋白质摄入。由此产生了一个问题：机体真的需要碳水化合物来实现基本功能吗？在我们的传统认知中，葡萄糖是人体主要且首选的能量来源，尤其是对大脑而言。并且，我们一般认为应将脂肪摄入量限制为每天总卡路里的 20%。实验数据揭示了什么？

耐力运动揭示秘密

研究数据揭示了完全相反的事实，即人体可以在几乎没有碳水化合物和大部分脂肪的情况下发挥最佳性能。最早可以追溯到 1983 年，斯蒂芬·菲尼与麻省理工学院和哈佛大学的同事发表了一项关于世界级竞技自行车运动员的研究。研究中，运动员们进行了为期 4 周的生酮饮食。[3] 部分受试者增加了耐力，这是传统观念所无法预料的结果。生酮饮食包括 15% 卡路里的蛋白质，83% 卡路里的脂肪，以及低于 3%（少于 20 克）的碳水化合物（相当于一个土豆、半个汉堡面包或一小份意大利面的热量）。受试运动员们在饮食前后均接受最大摄氧量和耐力测试。这个研究有自己的小瑕疵（其中一名受试者在节食后身体机能下降，但研究人员发现他训练过度，使结果有所偏差；排除了他的结果后，受试者的平均耐力提高了 13%）。这项研究无疑标志着饮食心理新时代的开始，并将随着未来的研究而继续发展。当时，菲尼的研究几乎无人注意，因为他被称为该领域的"异教徒"。但后来他成为加州大学戴维斯分校的名誉教授，并于 2018 年继续发表其在耐力运动员身上的研究发现。[4]

不过，在 20 世纪 80 年代，没有人真正地将高脂肪饮食看作一种有助于减肥、达到最佳身体性能，甚至可以预防心脏病的饮食方法。鉴于当时大众的普遍想法，提倡高脂肪饮食似乎无济于事：吃脂肪减肥吗？吃脂肪能跑得更快吗？吃脂肪能避免得心脏病吗？但是时代变了。如今，有大量证据证明生酮饮食的价值，包括菲尼博士以及世界各地的其他研究。[5] 此外，生酮饮食不仅仅对耐力运动员和癫痫病患者具有益处。菲尼博士现在主要致力于寻求持久的减肥方法，以及更好地控制代谢疾病（主要是糖尿病）的方法。他与同事共同创立了一家公司，该公司旨在通过饮食疗法（即食用低碳水、高脂肪的饮食），或所谓"营养性酮症"，来帮助糖尿病前期患者和糖尿病患者改善病情。在短短 10 周内，部分患者治愈了糖尿病，不再需要胰岛素，其效果着实令人吃惊。如果一份饮食计划可以在数周内缓解糖尿病这样严重的疾病，那么请大胆想象一下，对于一个新陈代谢没有问题的人来说，它可以做什么呢？

生酮饮食的科学

生酮饮食在许多代谢和生理方面与禁食类似，这也是我从 2013年开始阅读有关生酮饮食的研究论文并进行饮食自我实验的原因之一。终于，我本人坚持了超过 3 年的纯素食生酮饮食（后文再详细展开）。我的问题是：在拥有充足卡路里的情况下，生酮饮食是否仍然可以模拟禁食时的雷帕霉素机制靶蛋白抑制和自噬诱导？好消息是，如果正确执行，可能会做到。坏消息是，与热量限制、禁食和蛋白质限制不同，迄今为止，我们无法找出任何相关的文化或"健康绿洲"群体（例如侏儒综合征患者、冲绳百岁老人、洛马林达素食主义者以及阿索斯山上的修道士）来加以佐证。他们的存在能够替我们省去进行临床试验以检测长期抗衰老健康益处的麻烦。当务之急是，我们必须深入研究生酮饮食的工作原理，以及为什么它竟然能模拟雷帕霉素机制靶蛋白和自噬转换所带来的有益结果。

酮数学

在任何时候，体重 150 磅的人每 5 升血液里约含 80 卡路里的葡萄糖（相当于 6~7 块方糖）。储存在肌肉中的葡萄糖（称为糖原）大约为 480 卡路里，储存在肝脏中的糖原约 280 卡路里，总共可以使用的糖原约 880 卡路里。这个 150 磅重的人，每小时会燃烧约 46 卡路里的热量，静坐时每小时消耗 68 卡路里，购物或做一般的轻度工作时每小时消耗 102 卡路里，而做家务或园艺等中等工作时则每小时消耗 170 卡路里。如果这个人在下午 6 点吃完晚饭，然后静坐了 4 个小时，又睡了 8 个小时，那么到第二天早上 6 点，他将消耗掉约 3/4 的葡萄糖 / 糖原（体内存储的能量）。（注意：以上数据仅适用于 150 磅的人，并且会随体重、身高、年龄和性别的不同而改变。以上运算基于已发表的研究，通常指平均"体重 150 磅的人"。目前，大多数美国成年男性的身高略高于 5 英尺 9 英寸 [①]，那么其体重至少再重 20 磅。但是为了便于理解，本书仅使用 150 磅重作为参考点。总

---

① 　1 英寸 =2.54 厘米。——编者注

体经验保持不变。)

只要限制碳水化合物摄入的时间超过 12 小时，就有可能燃烧体内储存的少量葡萄糖 / 糖原，从而使身体开始燃烧"真正的"储能物质——脂肪。一个 150 磅重的人，其身体成分有 22% 为脂肪，含有 33 磅的脂肪组织甘油三酸酯，可使用的热量为 135 000 卡路里。（该脂肪百分比对男性而言是"超标"，但仍远远低于肥胖症患者的脂肪比，后者的体内脂肪含量超过 25%，目前约半数 65 岁以上的美国人属于肥胖症患者。）每天消耗几千卡路里，这些脂肪足以帮助他通过长达几个月的不间断禁食或饥荒。

当人体储存的葡萄糖 / 糖原消耗殆尽，并开始燃烧脂肪时，肝脏就会产生前文提到的酮体替代燃料。当酮体积聚在血液中时，你就处于"酮症"状态。在禁食时，在长时间缺乏葡萄糖的睡眠或剧烈运动后，每个人都会出现轻度酮症。酮症已成为人类进化过程中重要的适应手段，帮助我们在难以找到充足食物的时候生存下来。科学记者盖里·陶比斯在《我们为什么会发胖？》一书中写道："实际上，99.9% 的人类饮食历史中不存在碳水化合物，所以我们可以将轻微酮症视为人类新陈代谢的常态。因此，酮症不仅是一种自然状态，甚至是极其健康的状态。"[6]

在人类进化过程中，我们一直将脂肪（尤其是脂肪器官，例如肝脏、大脑和骨髓）作为卡路里密集的食物来源。随着人口增长，大型动物（猛犸、披毛犀和巨型树懒）从北部地区消失的原因之一很可能是，这些动物是除蛋白质以外的重要卡路里来源。我们的祖先经历了长达两万年的小冰河期。在那个时代，碳水化合物的供应仅限于夏季的短短数月（而如今，在阿拉斯加州和加拿大北部等北极圈地区都可以食用碳水化合物）。这可能就是人类特别喜欢吃甜食，尤其是碳水化合物的原因。人类进化通过这种方式确保我们会尽情食用碳水化合物。除了夏季，其余时间均无碳水化合物供应，是脂肪使人类在狩猎采集时期保持健康的体魄、苗条的身材和充沛的活力。

　　如你所知，摄入碳水化合物会刺激胰岛素分泌。摄入过多的碳水化合物和由此产生的胰岛素会导致脂肪的形成与储存。而且，这种情况意味着燃烧脂肪的能力降低。加工食品制造商为了增加高血糖加工食品的销量，会在商品标签上贴上"低脂"一词。然而，问题出现了，这类产品将大大提高人体的血糖水平，使人增加食欲，让人体释放胰岛素并增加脂肪，而"鲜少"燃烧已经存在的体内脂肪。由于你的新陈代谢开关会不断转向生长，所以自噬过程将降到较低水平。20多年前进行的研究表明，摄入高碳水化合物人群的死亡率较高，而摄入高脂肪人群的死亡率较低（并且患心血管疾病的风险较低）。

　　2017年在备受赞誉的《柳叶刀》杂志上发表的一项研究中，来自世界各地多家医疗机构的研究人员，对18个国家/地区的135 000多名年龄在35~70岁的受试者，进行了平均7.4年的追踪分析，分析了受试者自我报告的饮食数据，包括他们所消耗的碳水化合物量、脂肪量和蛋白质量。[7]此外，他们将饮食与患病风险进行了对照，包括重大心血管疾病（从中风，到心力衰竭，再到死亡）。

　　研究人员的发现与传统观点背道而驰。当他们将摄入最多碳水化合物（每日热量的 77%）的受试者与摄入最少碳水化合物（每日热量的 46%）的受试者进行比较时，发现前者罹患糖尿病的风险比后者高出 28%。研究人员还发现，脂肪摄入量最高（每日热量的 35%）的受试者的死亡概率，比脂肪摄入量最低（每日热量的 10%）的受试者低 23%。该研究将脂肪进行分类，发现那些摄入了最高水平的多不饱和脂肪酸及单不饱和脂肪酸（例如，多种植物油、坚果、瓜子、鳄梨和鱼类中的优质脂肪）的受试者，分别降低了 20% 和 19% 的死亡风险。即使是食用黄油和肉类中"可怕"的饱和脂肪的受试者，其死亡风险也降低了 14%。

这项研究确实有缺点。其一，它没有对碳水化合物进行分类（蔬菜中的碳水化合物与精加工谷物中的碳水化合物不一样）。其二，根据受试者自己提供的食物摄入记录来进行研究可能不够精确。但是，该研究结果仍然达到了研究者的目的，即试图将大众的注意力从推广低脂饮食转向低碳水化合物饮食。很多时候，精制的碳水化合物饮食对身体健康有害。研究者总结道："摄入高碳水化合物会导致较高的死亡率，而摄入高脂肪（无论是哪种类型的脂肪）可以降低死亡率。脂肪摄入的总量及类型与心血管疾病、心肌梗死或者心血管疾病死亡率无关，但饱和脂肪的摄入与中风呈负相关。鉴于这些发现，我们应重新制定全球饮食指南。"最后一句话点出了关键，如果人们能为改变世界各地的饮食规则做出实际行动就好了。

摄入导致高血糖的加工碳水化合物（而非膳食脂肪）是体重增加的主要原因。（你可以联想一下，大多数农民会用什么食物来让家畜增肥？答案是血糖生成指数高的碳水化合物，例如玉米和谷物，而不是血糖生成指数低的高纤维的鲜草或干草。）这部分解释了为什么低碳水化合物饮食会造成体重降低（有时甚至是急剧降低）。当长期保持低碳水化合物摄入时，可以使胰岛素泵保持开启状态，从而防止体内脂肪分解为供能燃料。这时，人体会开始依赖葡萄糖。你甚至可能完全消耗葡萄糖，但由于体内存在的胰岛素量很大，所以仍然无法获取脂肪作为供能燃料。身体从本质上变得饥饿难耐，这就是为什么许多肥胖者一边努力减肥，却一边吃着碳水化合物。他们的胰岛素水平过高，因而无法获取体内储存的脂肪。除非他们把加工过的血糖生成指数高的碳水化合物换成健康的脂肪，否则胰岛素含量将持续超标，可能会患上糖尿病。实际上，改用生酮饮食正日益成为治疗 2 型糖尿病的首选方法。斯蒂芬·菲尼在几十年前就提出了这个想法，终于在科学界的强烈推崇下获得了肯定。

你可能没有胰岛素抵抗或糖尿病。但是，如果了解了生酮饮食如何逆转严重的代谢状况，将有助于你认识到生酮对人体的强大作用。我们可以利用生酮来刺激脂肪燃烧和减重；在操作得当的情况下，还可以开启自噬。患有糖尿病意味着身体状况不佳，其新陈代谢无法正常进行。就像一台机器，由于系统故障和零件损坏而无法有效运转。而生酮饮食能够修复损伤、清洁引擎，让身体像新机器一样运行。

萨拉·哈尔贝格博士是加利福尼亚州维尔塔健康（Virta Health）公司的医学总监，也是菲尼的合作伙伴，还是印第安纳大学阿内特健康医学减肥计划的创始人兼医学总监。哈尔贝格博士及其同事，对 349 名 2 型糖尿病患者进行了研究。[8] 其中一组患者在医师的指导下接受了为期一年的标准护理，另一组则采用了生酮饮食。为了让后者维持在酮症中，他们开始让患者每天只摄入 30 克碳水化合物。该研究的独特之处在于，干预组（即生酮饮食组）与健康教练和医生保持密切联系，定期测量血糖、糖化血红蛋白水平（过去三个月中的平均血糖水平），以及血酮水平（以确保他们维持酮症）。此外，研究还记录了他们的体重和药物使用情况。

　　一年后，采用生酮饮食的患者体重减轻了 12%，糖化血红蛋白水平下降，这表明其血糖水平有所改善。简单来说，糖基化指蛋白质、脂质或氨基酸上附上糖类的过程。血红蛋白是在红细胞中发现的一种携带氧的蛋白质，当它遇到血液中的葡萄糖时，它们通过糖基化结合在一起。因此人体的血糖水平也可以用糖化血红蛋白水平来衡量。在例行体检的项目里，就包含糖化血红蛋白水平的测量。（数据显示的是过去三个月的平均值，因为红细胞的平均寿命为三个月。）先前已开过胰岛素处方的患者中，有 94% 能够减少或完全停用胰岛素。服用磺酰脲类药物（一种常见的口服糖尿病药物）的患者都能够停用该药物。对于没有进行生酮饮食的患者，其糖化血红蛋白水平、体重或糖尿病药物的使用情况均无变化。值得再重申一次的是，生酮饮食组一直受到健康教练和医生的监督，这可能也是他们取得显著进步的因素之一。由于受到监督，他们不太可能作弊或偏离饮食方案。这项于 2018 年发表的研究表明，生酮饮食可能是治疗 2 型糖尿病最有效的干预措施之一。

在不考虑其他因素的情况下，糖化血红蛋白的水平低于 5% 和血糖水平为 75~90 毫克 / 分升（mg / dL），通常意味着静脉和眼睛更健康，罹患心血管疾病、癌症和阿尔茨海默病的风险大大降低。

酮在生物学上有何帮助？答案是，无论我们的代谢状况健康与否，它都会对人体产生有益影响。酮改变了人体的新陈代谢。正如一位著名研究人员所说，当人体处于酮症时，"实际上重组了我们所有的新陈代谢"。[9] 通过重组，人体降低了血糖水平，改善了胰岛素灵敏性，降低了炎症水平，促进了抗氧化剂的生成，甚至增加了去乙酰化酶基因的活化，从而延长了寿命。酮还可以消除人体对糖的渴望和对饥饿的敏感；我们会对每顿饭都感到满意，并且不需要计算卡路里，因为生酮饮食本身的热量就不高。牛油果、绿叶蔬菜和植物蛋白很难诱使我们暴饮暴食。

目前关于酮的研究，除了研究其对新陈代谢和治疗糖尿病具有显著作用以外，还有许多研究正在探讨它如何影响人体的其他系统，比如中枢神经系统。鉴于新陈代谢的健康情况会影响到人体的每个系统，酮能够对其他系统也起作用就不足为奇了。甚至大脑代谢也取决于人体的新陈代谢。这可能有助于解释以下现象。2017 年进行的一项小型试点研究报告称，阿尔茨海默病患者进行了三个月堪萨斯大学生酮饮食计划之后，在阿尔茨海默病评定量表认知分量表（ADAS-cog）的评估中平均提高了 4 分。[10] 该饮食方案中脂肪含量为 70%。拉塞尔·斯维尔德洛博士领导了该研究，并在阿尔茨海默病协会国际会议上对其做了介绍，他说："这是我所知道的阿尔茨海默病介入试验中，受试者在阿尔茨海默病评定量表认知分量表的评估中进步最大的一次。"[11] 他呼吁大家进行更多研究，来复制这一发现。阿尔茨海默病越来越多地被称为 3 型糖尿病，因为该疾病的确与胰岛素水平有关。2 型糖尿病患者患上 3 型糖尿病的概率是正常人的两倍。在 2015 年初发表的一项更大型的研究中，一项针对 5 年内老龄人群的随机临床试验显示，地中海式饮食中补充了橄榄油或坚果（富含多不饱和脂肪酸及单不饱和脂肪酸），能够改善人类的认知功能。[12]

2017 年，还进行了两项独立的小鼠研究。其中一项由加州大学戴维斯分校的研究小组领导，另一项由巴克衰老研究所的研究小组领导。两项研究的证据表明，生酮饮食可以改善老龄动物的记忆力，也能使动物长寿。该发现发表在《细胞代谢》（*Cell Metabolism*）期刊上，表明了生酮饮食不但可以延长寿命，还可以维持健康。[13] 这两项研究均对小鼠（从中年开始）采取了三种喂养方式：周期性啮齿动物高碳水化合物饮食（基本上是对照），低碳水化合物 / 高脂肪饮食，以及严格的碳水化合物摄入量为零的生酮饮食。由于研究人员担心高脂饮食会增加啮齿动物的体重，从而缩短其寿命，因此他们将每种饮食的总卡路里设定为相同水平。研究的目的是关注新陈代谢和衰老，而不是减肥。他们对各个年龄段的小鼠进行测试，例如走迷宫、在平衡木上保持高度以及在轮子上奔跑。通过核糖核酸序列分析，检查了小鼠的心脏功能和基因调控的变化。结果表明，生酮饮食促成了通常发生于禁食中的胰岛素信号传导和基因表达模式（这不足为奇）。

两项研究均显示出小鼠的寿命、记忆力以及与年龄相关的炎症有所改善，其中一项研究还发现，生酮饮食可以保持老年人的身体健康。[14]（有趣的是，在衰老的前提下，衡量身体健康的方式之一是测试握力和步行速度。的确，握力和步行速度都能显著反映衰老程度。）先前的研究还发现，由生酮饮食产生的 β-羟基丁酸不仅可以用作供能燃料，还可以产生细胞信号。[15] β-羟基丁酸细胞信号可能有助于促进动物的抗氧化应激，这是延缓衰老的途径之一。

酮症和自噬

既然遵循生酮饮食在生理上的效果类似于热量限制和禁食，那么你可能会认为它能够触发自噬。事实的确如此。但是，人体会在没有自噬的情况下出现酮症，也可以在没有酮症的情况下开启自噬。两者并非总是并存的（即对体内的酮进行测试，并不意味着在测试自噬功能是否开启）。你是处于酮症还是自噬（或同时处于酮症和自噬），取决于你的饮食和时间。减少葡萄糖和蛋白质摄入、禁食或运动可能导致能量不足，从而会激活自噬。新陈代谢系统需要低胰岛素、低雷帕霉素机制靶蛋白和高腺苷酸活化蛋白激酶水平才能开启自噬功能。缺乏肝糖原和碳水化合物，会导致酮体的形成。没有葡萄糖作为燃料，人体就会开始使用脂肪制造酮。这意味着有些食物可以使人体维持酮症，并抑制自噬。同样，开启自噬不需要激活酮症，你可以在无酮症的情况下开启自噬。这归根结底都取决于你的饮食：食物的成分、卡路里，以及是否间歇性禁食。

一般来说，处于酮症已经满足了许多开启自噬的先决条件，包括低胰岛素、低血糖和低雷帕霉素机制靶蛋白水平。如果你每天所消耗的碳水化合物和蛋白质不多，那么可以比体内葡萄糖含量高的人更快地进入自噬，因为后者需要先消耗掉体内的葡萄糖。由于人体善于利用燃烧脂肪的方式来获取能量，所以少吃一顿饭或多日禁食时，饥饿感将大大降低。激活自噬和酮症最自然有效的方法是禁食几天。禁食导致了能量消耗并增加了酮的产量。除完全禁食外，结合间歇性禁食（一天不超过两餐）的治疗性生酮饮食，最有助于开启自噬。若要在生酮饮食中开启自噬，只需确保不频繁进餐，进行某种形式的限时饮食，不摄取过多蛋白质，并且保持身体活跃。这些原理也同样适用于其他形式的饮食，例如纯素食、肉食性饮食、古饮食等。本书将在策划饮食方案的章节中为你解决所有问题，以便你在开启自噬和进行生酮饮食之间做好平衡。在理想情况下，你全年都将同时处于自噬和酮症。

生酮饮食并不适合所有人，我们也不应该每天都采用生酮饮食。我每隔一段时间执行一次间歇性禁食和热量限制，以加速自噬。但是，有时候我们应该暂停生酮饮食。可惜大多数生酮饮食支持者没有掌握这一要点。2018 年，生酮饮食在医生和营养师认可的"最佳饮食"中排名较低。原因是许多人的饮食方法有误，他们认为生酮饮食就是允许每天都吃培根等加工肉类，或者随心所欲地吃饱和脂肪。由于生酮饮食偏爱脂肪，因此你需要注意脂肪种类的选择（多吃橄榄油、牛油果和某些坚果中的不饱和脂肪，少吃奶酪、黄油、乳制品和肉类中的坏脂肪）。第九章中概述的饮食计划将包含生酮饮食。我将提供一份大众都应遵循的生酮饮食指南。

需要补充的是，进入酮症通常需要一个过渡期，可能需要进行几天的生酮饮食。在过渡期里，你可能会感到疲劳、头晕、脑涨、头痛、烦躁、肌肉抽筋和恶心。这是新陈代谢重组的一部分现象。这些负面影响中，大多是液体和电解质（例如钠）流失所致，两者都是碳水化合物的重要成分。当你大幅减少碳水化合物摄入时，将失去水和电解质的运输工具。有一些方法可以调节这种情况，例如补充某些补充剂，尤其是 B 族维生素。过渡期后，人体达到"酮适应"状态，这意味着你的身体已经从主要依靠葡萄糖作为供能燃料，转变为主要依靠脂肪。进行生酮饮食 7~10 天之后，你会开始感到精力充沛、充满活力。在接下来的几周里，身体会继续发生细微的变化。例如，它逐渐变得更加保护蛋白质，因而你对蛋白质的需求通常会降低。另一个变化在运动员身上尤为明显，即由于肌肉中乳酸减少，经过长时间训练后，疲劳和酸痛也减轻了。

你可以使用非处方测量仪和试纸（两者都可以在药店中买到）来测量尿液中的酮，从而确定自己是否处于酮症。个体血液中酮含量的有效治疗范围为 0.5~4.0 毫摩尔（mM），但很难做到长期保持这一水平。生酮饮食开始后还有一个"闯入"期，在此期间，许多节食者感到不适，遭受"酮流感"的困扰。这是正常现象，这只是身体对从使用葡萄糖作为燃料转变为以脂肪为燃料的反应。但是，一旦你的身体进入了"酮适应"状态，一切就会变得轻松起来，转换饮食方式也不会出现上述症状。

在第九章中，我将为那些想要快速取得效果的人提供标准的生酮饮食方案。该饮食方案中最棘手的部分是，必须确保你充分减少碳水化合物的摄入量，同时不会缺乏某些营养素（如纤维、矿物质和维生素），也不会减少肌肉质量。因此，正如前文提到的那样，有些人在节食时最好服用补充剂。酮症中，每个人的碳水化合物摄入量有所不同：有些人需要减少摄入碳水化合物来保持酮症；那些运动量大的人可以比前者摄入更多的碳水化合物，因为后者的肌肉会燃烧葡萄糖。其他因素也可能起作用，例如压力和激素。

每个人在进行生酮饮食时，都具有不同的风险因素。例如，我继承了几种遗传变异，这些变异将高总胆固醇和低密度脂蛋白胆固醇（所谓坏胆固醇）水平，与饱和饮食脂肪摄入联系在一起。服用椰子油（饱和脂肪含量高）一个月，使我的总胆固醇水平翻了一番，大大提高了我的坏胆固醇水平。由于生酮的作用是通过限制碳水化合物的含量，直至细胞转变为燃烧脂肪来供能实现的，因此选择哪种类型的膳食脂肪来代替这些卡路里都无关紧要。但是你应该进行明智的选择，以免带来其他不良状况。就我而言，我很快就放弃了椰子油，并决定用一些多不饱和脂肪酸及单不饱和脂肪酸（在第七章中进行了深入讨论）代替减少的卡路里。在一个月内，我的总胆固醇水平不仅恢复到了酮前水平，还降低了 50%（这是我见过的最好状态）。

生酮饮食仅在最近 10 年左右才日趋流行，部分原因是科学终于赶上了所有的逸事证据，证明了其生物效益。我确信，几千年前的（精瘦的、精力充沛的、富有活力的）祖先大部分时间都在酮症中度过。他们无法改变这一情况，因为他们既无法在街上（或树后面）找到富含高碳水化合物的食物，也找不到含糖的垃圾食品，而且也没有摆满富含碳水化合物的谷物、烘焙食品、零食和富含高果糖玉米糖浆的饮料的杂货店。他们的饮食方式是现代人应该遵循的方式。

第六章

洞穴人和工业人

"我厌倦了狩猎和采集食物，
但还没有人发明杂货店。"

　　DNA分子的双螺旋结构被破译短短几年后，1956年，詹姆斯·尼尔博士在密歇根大学创立了美国首个人类遗传系。尼尔是人类遗传学的先驱，他是第一个认识镰状细胞贫血遗传基础的科学家，这种罕见疾病是首个"分子病"。（像侏儒综合征一样，镰状细胞贫血是一种常染色体隐性遗传模式的疾病，患者从双亲处都遗传到了突变基因；若只从双亲之一处遗传到突变基因，则被称为基因携带者。）

40 多年来，尼尔一直致力于研究广岛和长崎原子弹事件的幸存者，研究辐射对这些幸存者及其后代的影响。这是他最为出名的研究。但他在遗传学领域的"节俭基因"理论和他对巴西及委内瑞拉狩猎采集部落的研究，也引发了一场科学思维的革命。1962 年，尼尔提出了"节俭基因组"理论，并在其 1998 年的后续文章里做了进一步阐述。"节俭基因组"指的是一种迅速将血液中的葡萄糖输送到细胞中作为燃料被燃烧，并以脂肪的形式储存下来的基因倾向。对于我们远古狩猎采集部落的祖先来说，这一基因倾向为其提供了进化优势。远古时期，我们的祖先要储存足够的能量，以应对旷日持久的饥荒和战胜剑齿虎。[1] 所带来的结果就是，人类的遗传基因大大增加了患糖尿病、肥胖症和高血压等疾病的风险。这些基因在人类历史早期是有用的，因为那时的人类很难获得高性能能量（可快速消化的碳水化合物）。事实上，葡萄糖代谢基因在几乎所有含细胞核的活细胞中都很常见（与细菌相反）。我们在酵母、线虫、果蝇、小鼠、大鼠以及一些其他哺乳动物中发现了这种代谢机制。因此，它或许已经伴随物种进化了亿万年的时间。①

自古以来，人类基因组的平均突变率为每百万年 0.5%。在数百万年进化期间，人类的营养需求一定是通过自然选择形成的。因此，让我们回看人类进化史，追溯智人（"智慧的人"，如你和我）

---

① 节俭基因假说也遭到了批评。智人早已存在了 20 万年左右的时间，节俭基因应该也已经存在了这么久，而 12 000 年前才有了农业，那么几乎每个人都应该携带存在过的大多数节俭基因。约翰·斯皮克曼是节俭基因假说的知名挑战者，他在 2016 年的一篇论文中表示，目前发现的与肥胖症相关的常见基因，均未具有适应性优势的属性或特征。此外，通过更先进的技术或许能够鉴定出真正的节俭基因，所以还不能盖棺论定。

以前的人类发展。要想知道当时的人类吃什么以及怎么吃，我们需要了解人类基因构成是在什么样的营养环境中形成的。

人类进化时间表 [2]

5 500 万年前

最早的原始灵长类动物出现。它们是具有猴状特征的小型树栖生物。

800 万年前到 600 万年前

最早的大猩猩出现。后来，黑猩猩和人类谱系出现分离。

580 万年前

用两条腿走路的图根原人是人类最早的祖先。

550 万年前

最早的原始人类地猿出现，地猿与黑猩猩和大猩猩具有共同特征，栖居在森林中。

400 万年前

南方古猿出现。南方古猿的大脑与黑猩猩的大脑一般大，脑容量为 400~500 毫升，但可以用双腿直立行走。

320 万年前

有名的阿法南方古猿的骨骼标本"露西"的发现地址位于埃塞俄比亚的哈达尔附近。

270 万年前

生活在森林和草原上的傍人有着巨大的下颚，用来咀嚼植物的根等。傍人在 120 万年前灭绝。

250 万年前

能人出现，其面部不如之前的人类突出，并且保留了许多猿状特征。能人的脑容量约为 600 毫升。原始人类常使用碎卵石制成的石器，由此开始了长达 100 万年的奥杜威工具制造的历史。一些原始人类以肉质丰富的食腐动物为食，正是靠这些额外的能量促进了其大脑进化。

200 万年前

非洲出现了脑容量高达 850 毫升的匠人。

180 万年前到 150 万年前

亚洲出现了直立人。直立人是最早的真正的狩猎采集者，也是最早的大量走出非洲的原始人类。其脑容量达到了 1 000 毫升左右。

160 万年前

肯尼亚科比福拉发现的变色沉积物表明人类最早开始使用火。更有说服力的是在以色列发现的 78 万年前烧焦的木材和石器。当时已经开始了复杂的石器制造，并且这些石器制造直到 10 万年前都还是主要的技术。

60 万年前

非洲和欧洲出现了海德堡人，其脑容量已接近现代人类。

50 万年前

在日本秩父市附近的遗址中发现了最早的专门建造的小木屋。

40 万年前

早期人类开始使用矛狩猎。

32.5 万年前

在意大利的火山山坡上发现了三个人类攀爬时留下的脚印，这是留存的最早的人类脚印。

28 万年前

最早的复杂石制刀具和磨制石器出现。

23 万年前

从西部的不列颠到东部的伊朗，整个欧洲出现尼安德特人，直到 2.8 万年前出现现代人类，尼安德特人才灭绝。

19.5 万年前

非洲出现了智人，此后不久智人开始向亚洲和欧洲进行迁移。现代人类最早的两枚头骨化石发现于埃塞俄比亚。智人的平均脑容量为 1 350 毫升。

17 万年前

当今所有人类的直接祖先"线粒体夏娃"可能一直生活在非洲。

15 万年前

人类可能有了语言交流。拥有 10 万年历史的贝壳首饰表明，当时的人类已经可以进行复杂的语言交流，并且开始使用符号。

14 万年前

最早的远途贸易出现。

11 万年前

人类制造了最早的鸵鸟蛋壳串珠和首饰。

5 万年前

"大跨越"：人类文化史无前例地迅速发展，开始仪式性地埋葬死者，用动物皮制造衣服，开发了设计陷阱等复杂的狩猎技术。现代人类开始了对澳大利亚的殖民。

3.3 万年前

最古老的洞窟艺术出现。法国的拉斯科和肖维岩洞发现了新石器时代工匠绘制的壮观壁画。亚洲的直立人灭绝，被现代人类取代。

1.8 万年前

佛罗勒斯人又称作霍比特人，居住在印度尼西亚的佛罗勒斯岛。他们身高仅一米多，脑袋大小与黑猩猩相似，但拥有先进的石器。

1.2 万年前

现代人类抵达美洲。

1 万年前

农业发展壮大。第一个村庄出现。这一时期可能驯化了狗并将其作为人类的狩猎工具。

5 500 年前

石器时代结束，青铜时代开始。人类开始冶炼和加工铜与锡，并使用其制成的金属工具代替石制工具。

5 000 年前

已知的最早文字出现。

公元前 4000 年到公元前 3500 年

美索不达米亚的苏美尔人发展了世界上第一个文明。

作为杂食动物的早期人类：草食者和肉食者

2012 年，法国里昂高等师范学院的樊尚·巴尔特及其同事发表了一篇论文，分析了非洲南方古猿牙釉质的各种同位素模式。人类的祖先非洲南方古猿生活在 300 万年前到 200 万年前的南非某地区。[3] 雄性非洲南方古猿身高约 3.9 英尺，体重约 60 磅；雄性身高比雌性高 10 英寸，体重比雌性重 33%。它们的饮食与黑猩猩相似，食物种类包括水果、茎叶、坚果、种子、根、昆虫、蛋和一些小型动物的肉。非洲南方古猿的后代出现了至少两个独立分支。一支是傍人，像罗百氏傍人一样，牙齿很大，牙釉质厚，咬肌大，可以磨碎坚硬的含纤维食物。傍人不是我们的直系祖先之一，但是与早期人类有着共同的生态位。另一支是人属，由这一支又产生了能人（可能是人类的直系祖先），后来又产生了直立人（可能是人类的直系祖先）。250 万年前到 140 万年前，能人生存了约 100 万年的时间。虽然像非洲南方古猿一样，能人也是杂食动物，但是能人已经开始从可怕的肉食动物，比如狮子的嘴边捡拾动物尸体。因为他们没有火，所以还不能吃咬不动的肉，但是他们有一个秘密武器——石器，可以用来砸碎动物的骨头和头骨，然后吃到有营养的骨髓，甚至是脑子。因为罗百氏傍人的脑容量（400~500 毫升）仍和其祖先一样，而能人的脑容量（600~900 毫升）与其祖先相比已大大增加，所以可以推测能人的食肉需求源于脑容量的扩张。

早期的非洲直立人化石是目前已知的最早的人类，其身体比例与现代人类相似，双腿相对细长一些，手臂相对短一点。这些特征是为了适应地面生活，之前爬树的习性渐渐消失，他们能够直立行走，甚至能长跑了。其身高在 4 英尺 9 英寸到 6 英尺 1 英寸不等，体重在 88~150 磅。直立人的头骨大而厚，脑容量（平均 900 毫升）也大，眉脊突出，身体健壮。

科学家们认为，直立人是后来人类从非洲迁移到欧亚大陆的第一波浪潮。由于当时的直立人不会生火（仅仅是机缘凑巧用到火），所以他们最初的定居地点不超过北纬 40 度。但是，他们生活的地方有些季节不生长植物，直立人的食物来源只有动物（尤其是动物骨髓、器官和脂肪，吃这些食物不必用到火，也更易消化）。化石记录显示，比起之前的人类祖先，直立人跟我们现今的人类更像，群居生活的直立人也会照顾年老体弱的人。50 万年前，直立人聪明灵巧，可以用纤细光滑的贝壳制作工具，还非常机灵，用可能是鲨鱼齿的东西在这些工具上雕刻出抽象的图案。直立人制造了手斧等大工具，可以用于屠宰大型动物。近年来，有人提出直立人大约在 78 万年前最早开始用火，然而直到约 40 万年前人类才学会了生火。火的使用还不够普遍，只用于日常烹饪和其他一些活动中。后来我们发现，直立人在北欧和亚洲这些气候更冷的地区都有分布。

直立人的后代海德堡人更好地适应了寒冷，并在 70 万年前到 30 万年前的时间里，足迹遍布全球。在英格兰的博克斯格罗夫，古生物学家发现海德堡人制造了大量工具，还有一些他们屠宰的大型草食动物的骨头，这些动物包括现已灭绝的一些犀牛和熊的种类，还有一些田鼠之类的哺乳动物。20 世纪 90 年代，林业工作者哈特穆特·蒂梅在德国舍宁根的一座旧矿场中发现了 8 把木质投掷矛，这些武器的历史可追溯到约 40 万年前。他们还发现了大约 16 000 块骨头，其中 90% 来自马，其次是马鹿和欧洲野牛。

大约 45 万年前，欧洲的海德堡人进化成的尼安德特人遍及欧洲和亚洲。30 万年前到 20 万年前，非洲的海德堡人进化成了智人。7 万年前到 6 万年前，现代人类开始走出非洲，足迹出现在欧亚大陆，还遇到了包括尼安德特人和丹尼索瓦人在内的近亲。他们会和这些近亲进行杂交，但是这些人都在约 3 万年前神秘灭绝，只留下了我们智人。

现代人类

直到 2003 年人类基因组图谱绘制完成后，我们才真正知道人类彼此之间息息相关（甚至还携带着一些尼安德特人的遗传基因）。如前文所述，自古以来人类基因组每百万年的平均突变率为 0.5%。自旧石器时代末以来，人类基因组没有改变，突变率还维持在之前的 0.5%。当人类进入欧洲和亚洲时，携带了能够在非洲草原生存的基因，从那以后为适应环境，仅发生了很小的改变。

与生活在旧石器时代晚期，也称作晚石器时代（4 万年前到 1 万年前）的史前农业时期的饮食不同，现代人类的饮食中富含蛋白质、单糖、钠、氯离子，缺少纤维、钙和钾。难道我们普遍患有肥胖症，受各种疾病困扰，是源于我们不习惯自己的饮食方式吗？《美国医学会杂志》2019 年发表的一项大规模研究表明，血糖生成指数高的加工食品的消费量增加，导致全因死亡的风险增加了 14%。[4] 另一项于 2019 年在《柳叶刀》上发布的研究表示，在全球范围内，2017 年有 1/5 的死亡与营养不良有关。[5] 这场 21 世纪的生物学战争，在人类祖先中是闻所未闻的。

直到约 7 500 年前，中欧的人类都是狩猎采集者。他们是解剖学意义上最早的现代人类的后代，从上一个冰河世纪幸存下来，在大约 45 000 年前抵达欧洲。德国美因茨约翰内斯·古腾堡大学人类学研究所的约阿西姆·布格尔教授的研究小组进行的基因研究表明，大约 7 500 年前，移民农民将农业和定居的生活方式带到了中欧。[6] 从那以后，考古记录中很少有狩猎采集者的痕迹，人们普遍认为狩猎采集者已经灭绝或成为农业人口的一部分。

尽管现如今有人吹捧古饮食，好像每个人都应该那样吃，但你可能会惊讶地发现，没有一种食物可以作为古饮食。现代人类作为成功进化的物种，要归因于我们的祖先从原始地迁移到任何环境时所具备的适应能力。换句话说，人类的饮食变化很大。基于生存环境，人类尽其所能地吃更多的食物。沿海地区人们的饮食不会像内陆地区或北部地区那样，因为这些地区的植物性食物较少。但是可以总结当时人类的饮食状况。大多数情况下，古饮食富含（尽管是"富含"，但并不是指我们的祖先每天都能吃很多）优质蛋白质和脂肪、季节性蔬菜、豆类、水果以及坚果。没有精加工的碳水化合物，糖含量少，也没有乳制品。

从人类化石的检测中可以得知，旧石器时代的人类祖先个子很高，健康状态较好，通常也不受现代疾病，如癌症、心脏病、关节炎和蛀牙（所谓文明疾病）的困扰。

狩猎采集者的寿命

尽管骨骼保存的条件十分有利，使现代古生物学家能够发现狩猎采集者的骨骼化石（量少且相距很远），但是没有大量可比较的骨骼样本，也很难判断这些骨骼具体是什么年龄。因此，某些骨骼可能是 30 岁健康的骨骼或 60 岁非常健康的骨骼。因为生存环境和饮食大不相同，所以我们无法真正将它们与更为现代的骨头进行比较。这就是我们考察现代的狩猎采集者部落，从而可以得知很多有关旧石器时代祖先的可能寿命的原因。

2007 年，加州大学圣巴巴拉分校的迈克尔·古尔文和新墨西哥大学的希拉德·卡普兰发表了一篇题为《长寿的狩猎采集者：跨文化的考察》（Longevity Among Hunter-Gatherers：A Cross-Cultural Examination）的论文。[7] 他们试图总结当代狩猎采集者的优质人口学研究的最完整记录。他们总结道，我们的物种有其独特寿命，其中从婴儿期到童年时期的人口死亡率（死亡风险）急剧下降。此后一段时期直到 40 岁左右，人口死亡率基本保持相同，再往后人口死亡率按照冈珀茨曲线模型稳定增长。①

---

① 1825 年，一个名叫本杰明·冈珀茨的英国精算师计算了不同年龄段人的死亡风险，以此来确定人身保险的收费。运用英格兰各地的数据，冈珀茨发现，随着年龄的增长，死亡风险以可预测的方式增加，这并不奇怪。具体来说，他得出的结论是，在 20~60 岁，死亡率每 10 年大约增长一倍，这是当时购买人身保险的主要年龄范围。通俗地讲，冈珀茨方程指的是冈珀茨用来预测 20 岁以后死亡率呈指数型增长的数学公式。自 19 世纪初以来，它一直是精算师和人口统计学家进行死亡率计算的基本工具。

对于人类来说，70 岁是一条分界线。在此之前是强健活力，在此之后是衰老，而衰老就预示着死亡。科学家假设，在我们人类进化的环境中，人体能够正常运行约 70 年。尽管死亡率在不同人群和不同时期之间存在差异，特别是在暴力死亡的风险方面，但从跨物种比较的角度来看，这些差异很小。古尔文和卡普兰的计算表明，40 岁的人预计还能再活 23~26 年（也就是 63~66 岁），65 岁的人预计还能再活 5~10 年（也就是 70~75 岁），以此类推。他们发现，之前现代人群的成人寿命年龄众数平均为 72 岁，寿命范围为 68~78 岁。年龄众数是数量最多的寿命年龄的寿命值，尽管如此，这意味着少数人的年龄有所差异。因此，在 80 岁之前，大多数狩猎采集者会死亡，但也有极少数的人能活到 90 岁、100 岁甚至更大的年纪。这与当今世界一些贫困地区的人口死亡率差别不大。这个事实与我们的传统观念相悖。传统观念认为，我们的祖先寿命不长，当今世界贫困地区的人们注定早逝。

古饮食/狩猎采集者的饮食

为获取每日的卡路里，我们的祖先会专注于捕杀大型动物，如麋鹿、乳齿象、猛犸以及一些现已灭绝的骆驼和马。比起蛋白质，他们更喜欢食用脂肪，原因如下。首先，每克脂肪含有 9 卡路里，而每克蛋白质只含 4 卡路里。大型动物的脂肪来源有很多，包括骨髓、器官、大脑及肌肉和器官周围的脂肪。祖先们的垃圾坑里留下的断骨表明，他们已经尽可能地开始食用骨髓。其次，生肉很难咀嚼和消化。即使后来，也就是约 40 万年前，他们学会了烧火烹肉，使肉质变软易消化，但他们仍然遇到了一个问题，那就是有限的时间里身体对蛋白质的吸收有限（记住这一事实，因为这是我们限制蛋白质摄入量的原因）。

识别各种蛋白质来源

大约 10 年前，科学家们开始使用一种称为液相色谱 – 同位素比值质谱法（LC-IRMS）的新技术，通过测量碳和氮同位素比值，可以判断从人或动物骨骼中提取的胶原蛋白是来自以动物为主还是以植物为主的饮食。草食动物和肉食动物的胶原蛋白显示出不同的同位素特征。科学家们甚至可以根据这些同位素的浓度，来判断动物或人类的食物链顶端有多高。由于海洋动物（鱼类和贝类）与陆生动物摄入的碳含量不同，因此该技术还可以区分食用海洋动物和食用陆生动物产生的蛋白质。

进行液相色谱 – 同位素比值质谱分析的机器

古生物学家迈克尔·理查兹，之前在德国莱比锡的马克斯·普朗克人类学进化研究所工作。为了解不同动物（包括我们本系的灵长类动物）以什么为食，他检测了成千上万的骨骼样本。2009 年，他与加拿大人类学家埃里克·特林考斯共同发表了一篇论文，对欧洲的尼安德特人和早期现代人类的饮食直接的同位素证据做了报告。[8] 他们发现，12 万年前到 3.7 万年前的尼安德特人是高级肉食动物，他们日常饮食中的大部分，甚至可能是全部的蛋白质，都来自大型草食动物，没有直接证据表明他们食用海洋食品。以上发现与对尼安德特人的工具和垃圾堆（包括动物骨头、人类排泄物等在内）的分析，以及对当地动植物群（特定化石层中的所有动植物化石）的分析均吻合。然而，与尼安德特人不同，理查兹和特林考斯研究的早期人类不仅食用陆生动物，还食用大量海洋动物。

斯坦利·博伊德·伊顿是一名诊断放射科医生，毕业于哈佛大学，现已退休。他一生的大部分时间都在佐治亚州的亚特兰大工作，在那里他专门研究肌肉骨骼疾病（其患者通常是亚特兰大勇士队、亚特兰大老鹰队和亚特兰大猎鹰队的队员们）。伊顿医生是最早撰写有关旧石器时代营养的医生之一。他与同事——同样毕业于哈佛大学的梅尔文·康纳博士，共同发表了许多论文。梅尔文·康纳现在是埃默里大学的人类学、神经科学和行为生物学教授。1985 年《新英格兰医学期刊》发表了他们的一篇具有开创性意义的文章，题为《对旧石器时代营养的本质及其当前影响的解读》（Paleolithic Nutrition—A Consideration of Its Nature and Current Implications），[9] 此后这篇文章被大量引用。

根据伊顿和康纳的说法，当克鲁马努人和其他真正的现代人类出现时，大型狩猎活动增加，狩猎技术和装备得到了充分发展，与可狩猎的动物量相比，人口数量很少。在那时，一些地区人类的饮食中动物占比超过了 50%。但是由于过度狩猎、气候变化和人口增长，在农业和畜牧业出现前不久的这段时期，人类从大型狩猎活动转向更广泛的活动。那个时期的遗址中，鱼类、贝类和小型猎物的遗骸更常见，另外还有一些用于加工植物性食物的工具，例如磨石、研钵和杵。在中东地区，对至少两个遗址中的骨骼锶含量的微量元素分析表明，当时人类饮食中的植物性食物明显增加，而肉类减少了。现代的狩猎采集者与这些相对较近时期的人类最为相似。

农业的出现极大地改变了人类的营养方式。几千年来，人类食肉的比例急剧下降，而食用植物性食物的占比达到了 90%。该转变使人体结构也发生了重大改变。3 万年前，欧洲早期智人的饮食中含有丰富的动物蛋白，他们的身高要比其农业时代的后代平均高 6 英寸。后来在新世界中出现了同样的转变。1 万年前的古印第安人是大型狩猎者，其后代在接触欧洲之前从事的是集中性的粮食生产，食肉少，身材相当矮小，骨骼反映了其营养不足。蛋白质热量缺乏的直接影响，以及营养不良与传染病之间的相互影响均带来了一定的后果。自工业革命以来，西方饮食中的蛋白质含量越来越高，并且有证据表明人类的平均身高有所增长。现在，人类的身高几乎与最早的农业社会前的人类一样。但是我们的饮食与其大不相同，这些差异造成了所谓"富裕营养不良"，并带来了许多文明疾病。

富裕营养不良与遗传失配

保守来说，人类的饮食与遗传进化并不同步。农业的出现给世界许多人口的健康福祉带来了可怕的困扰。如前文所述，我们的祖先吃了大量的高脂肉、内脏器官、大脑（脂肪含量也很高）、淡水鱼和贝类（富含脂肪酸），也吃含有脂肪的坚果、种子、椰子和鳄梨。相比于较瘦的猎物（鹿和一些小型动物），他们更爱富含脂肪的动物（猛犸、大象和河马）。除非这些肥硕的动物被吃光，否则小型动物都是被拿来喂狗的。

随着农业出现，南欧人口的平均身高下降了 6 英寸，平均寿命也减少了 10 年。哥伦布到达北美洲之前，当地农业已经发展了千年，北美原住民的身高和寿命也因农业的出现发生了类似的变化。不主张发展农业的人，比如游牧群体（例如奥色治人、基奥瓦人、黑脚族人、肖松尼人、阿希尼伯因人和拉科塔人）几乎完全以水牛为食，他们的身高比那些以小麦、玉米为食的欧洲人要高出 6~12 英寸。有趣的是，东非以非凡的身高和体力著称的马赛族，虽然过着游牧生活，但也以肉类和牛奶为食。即使在 20 世纪早期，加拿大东北部偏远地区的居民几乎不会患上心脏病、癌症或阿尔茨海默病。但那些以面粉和糖类为食的"文明人"，却饱受以上疾病的困扰。

尽管农业革命始于 1 万多年前，但直到中世纪，精制碳水化合物（糖和白面粉）才开始为大多数人所食用。在整个 19 世纪，西方的医生们被政府派去记录当地人口是如何从健康苗条的狩猎采集者快速变得肥胖起来的。这些人也常受现代文明疾病的困扰，例如心脏病、高血压、2 型糖尿病、肥胖症、蛀牙、自身免疫性疾病、骨质疏松症，以及阿尔茨海默病等。跟西方人一样，他们也摄入越来越多的面粉和糖类。19 世纪初，美国人平均每年只消耗约 15 磅糖（可能是因为当时没有装满含糖食品和谷类食品的自动售货机。但自从数千年前人类最早种植甘蔗以来就有了糖，还出现了其他一些糖的种类）。到 20 世纪末，糖的消费量增长了近 10 倍，美国人平均每人每年至少消耗 120 磅糖！[10] 完善的制冷和运输设施，也使乳制品成为人们日常生活中的必需品。我们都知道，以上生活方式的改变导致人类血糖升高、支链氨基酸升高，从而使基因开关每时每刻都对雷帕霉素机制靶蛋白开放，对自噬关闭。

早期人类饮食中缺乏乳制品、谷物、加工糖、植物油和酒精

常被誉为现代"古饮食运动"创始人的科罗拉多州立大学名誉教授洛伦·科尔达因表示，在 4 万年前到 1.2 万年前的旧石器时代晚期，最早出现了用于碾磨谷物的工具。有证据表明，约 1.3 万年前，随着地中海东部黎凡特地区纳吐夫文化的兴起，世界范围内的狩猎采集者开始了对谷物的定期和持续的开发。[11] 虽然在 1.1 万年前到 1 万年前，人类还没有驯化动物，但并没有可靠证据表明 6 000 年前人类就开始消耗牛奶。蜂蜜在狩猎采集者的饮食里似乎仅占一小部分，而 2 500 年前结晶蔗糖才在印度从甘蔗中被提炼出来。约 6 000

年前，最早的人造油之一橄榄油才出现。在 19 世纪后期的工业革命使大规模加工成为可能之前，其他用于消费的油几乎闻所未闻。约 7 500 年前有了最早的酿酒，而用谷物酿造啤酒大约是在 4 000 年前才开始的。约 1 200 年前才有了蒸馏的酒精饮料。如你所见，纵观人类历史，这些占美国人当前卡路里摄入量近 3/4 的食物，是最近才纳入人类饮食清单中的，大多数人可能在基因上无法适应它们。

请记住，狩猎采集者饮食方式的转变因地区而异，直到 2 000 年前到 1 500 年前，北欧、英格兰和苏格兰的人才开始转变饮食方式。此外，精制碳水化合物、谷物喂养的动物和单糖这些如今在西方饮食中大量存在的食物，也是在近 150 年里才为人类广泛食用的。毋庸置疑的是，人类并无足够的时间来适应这些食物。

狩猎采集者的饮食模式过渡到以谷类为主的饮食模式对人类健康产生了诸多不利影响：婴儿死亡率增加，身高降低，骨密度降低，多龋齿，贫血增加以及寿命缩短。

早期人类饮食中的低糖、高纤维食物

有证据表明，长期以来人类以种子、草、浆果以及其他低糖、高纤维的蔬果和抗性淀粉（例如山药和芋头）为食。史密森学会和乔治·华盛顿大学人类古生物学高级研究中心的研究人员，分析了有 4.4 万年历史的尼安德特人的头骨化石的口腔牙垢，发现这些尼安德特人明显食用了多种植物，包括海枣、豆类和草籽，其中一些需要烹饪。

但是，由于这类食物提供的热量不够，所以每年大部分时间，他们卡路里的摄入大多仍是来源于动物肉（蛋白质）和脂肪。别忘了，尼安德特人比如今的人类个头要大，更活跃，他们的卡路里需求也与如今的人类相似：女性每天要摄入 1 800 卡路里，男性每天要摄入 2 800 卡路里。一杯半菠菜（约 13 盎司①）仅提供 100 卡路里的热量，尽管这种低糖绿色蔬菜可提供约 12 克的纤维。

从食品制造商那里可以得知，如今很多加工食品都有添加成分，这是件好事（毕竟，"添加"意味着食品营养价值提高）。但你可能不知道，过量食用添加烟酸（属于维生素 B_3）的食品可能会增加某些风险。21 世纪初，美国的人均烟酸日摄入量超过了 33 毫克，是美国食品和营养委员会膳食营养素供给量人均烟酸摄入量标准的两倍。众所周知，若长期摄入大剂量烟酸会损害葡萄糖耐量，催生胰岛素抵抗并增强胰岛素释放。[12] 烟酸也是强效的食欲刺激剂，而缺乏烟酸可能导致食欲减退，这意味着它直接关系到人的减肥能力。根据中国和日本有关研究人员的说法，在 20 世纪 70 年代早期，美国谷物食品中的烟酸含量超过了肉类食品的烟酸含量，这主要是由于烟酸添加标准的更新，促使食品制造商在其产品中添加了更多烟酸。[13]

---

① 1 盎司 = 29.57 毫升。——编者注

（顺便说一句：烟酸转化成烟酰胺腺嘌呤二核苷酸，通过线粒体产生三磷酸腺苷或细胞能量。但是，烟酸很难转化为烟酰胺腺嘌呤二核苷酸。在一位医生和其他合作者的帮助下，我一直在进行一系列临床试验，以确定如何通过其他方式增加烟酰胺腺嘌呤二核苷酸，例如直接注射烟酰胺腺嘌呤二核苷酸或口服前体烟酰胺核糖苷。这样可以保持各种长寿基因开启，同时减少因烟酸摄入过量而引起的烟酰胺累积，尤其是随着我们年龄增长而产生的累积。）

现代饮食的危险

著名地理学家贾里德·戴蒙德是普利策奖得主，也是世界领先的历史学家之一，他针对农业对人类健康的影响的著述颇丰。他是最早记录随着农业的出现人类身高和寿命发生变化的人之一，称农业的出现为"人类历史上最严重的错误"。[14] 他写的内容不仅包括与早期农民相比之下的狩猎采集者高度多样化的饮食，他还提出农业革命推动的贸易可能助长了细菌和传染病的传播。他大胆指出，农业"被认为是人类朝着更美好生活迈出的决定性一步，但从很多方面来讲，它都是一场灾难，人类从未从这场灾难中恢复过来"。[15] 历史学家尤瓦尔·赫拉利在其畅销著作《人类简史》中也强调了，"农业革命无疑增加了可供人类食用的粮食总量，但过多的粮食并未带来更好的饮食或休闲。农业革命是人类历史上最大的骗局"。[16]

人类从狩猎采集的生活方式转变为以农业为基础的生存方式有

好处，它在一定程度上促进了人口迅速增长和建立更稳定的社区。尽管人口增长，但人类的饮食并没有变得更健康。农业培养了丰富的食物，因此我们很容易摄入更多的卡路里，这些卡路里远超我们身体所需。此外，随着农业发展，尤其是当人类开始生产含有人造和精制成分的谷类与粮食食品后，人类饮食的多样性减少。有些人认为，比起其他人类活动，农业最能推动人类历史的进程。饮食多样性的缺乏导致了营养的缺乏。营养缺乏，再加上富含卡路里的精制食品唾手可得，使人类体重更重，身宽体胖，更易患病。塔夫茨大学的研究人员称，仅在美国，通过"开处方"的方式叮嘱病患食用果蔬这些天然健康食品，每年能节省 1 000 亿美元的医疗费用。[17]

现在，让我们来了解一下，随着我们消耗更多以农业为基础的加工食品对我们的健康有害的生物学行为。

石器时代的太空时代基因

如果现在可以去到旧石器时代，那么我们很难碰到很多肥胖的人。石器时代的基因生活在太空时代，古代生理机能与西方饮食生活方式之间也会脱节和不匹配。这就好比《摩登原始人》[①]遇上《杰森一家》[②]。如果比较两个有着相同身高和骨骼结构的人，其中一人的体重为 120 磅，另一人的体重为 250 磅，外观上两人完全不同，扫描显示，两人有着相同的骨骼结构，但其中一人脂肪过多。

---

① 《摩登原始人》是讲述石器时代原始人生活故事的一部美国动画电视剧。——编者注
② 《杰森一家》是以未来世界为背景讲述美国文化和生活方式的家庭喜剧动画片。——编者注

节俭基因假说表明，两人之间的差异正体现了石器时代基因与太空时代环境之间明显不匹配。我们知道有人可以在进餐时吃很多，但是身材却保持极瘦（甚至可能不经常做运动），这样的人在石器时代生活的话，可能会活不长久。这些在我们今天看来很幸运的人，正是站在了节俭表型的对立面。对于一个吃什么都易发胖的人，食物的卡路里会以脂肪的形式保留在其体内。若是面对饥荒，这样的人能活得更久。在我们的祖先面临资源稀缺的数百万年时间里，有效存储能量很有效，会帮助我们人类在进化中活下来。但对于摄入相对丰富卡路里的现代人类来说，这会变成困扰，过量摄入卡路里还会导致超重或肥胖。

一个很重要的生物学概念是，并非每个人都能等量燃烧卡路里，也并非所有卡路里都能等量燃烧。用所谓弹式热量计测量食物中的卡路里，该热量计通过在密封状态下高压点燃纯氧中的食物样品来测量升高的温度值。从技术上讲，1 卡路里指的是将 1 克水的温度升高 1 摄氏度所需要的能量（日常饮食中的 1 卡路里含 4 184 焦耳的能量）。但是人体不像弹式热量计。它不会像弹式热量计那样燃烧卡路里。烧水时的 1 卡路里才称作 1 卡路里。回想一下，每克蛋白质提供大约 4 卡路里，每克脂肪提供 9 卡路里（显然，脂肪的能量密度更高）。但是从生物学的角度来讲，蛋白质、碳水化合物（每克碳水化合物也能提供 4 卡路里）和脂肪的差异很大，因为人体代谢它们的方式不同。并且在某些情况下，人体会倾向于储存一种而燃烧另一种，反之亦然。

对于以精制糖的形式消耗 100 卡路里碳水化合物（约 6 茶匙颗

粒状纯蔗糖）与消耗 100 卡路里橄榄油（约 1 汤匙），人体的反应方式是不同的，甚至可以感受到饥饿感和饱腹感的差异。通过简单的实验，就可以感知到这一事实。比如有一天，你食用以碳水化合物为主的早餐，如华夫饼加糖浆或一碗加入谷物（任何种类）的脱脂牛奶，看看能持续多久不再进食还不觉得饥饿。第二天，你再吃含有蛋白质的高脂肪早餐，比如菜肉馅煎蛋饼。确保两天早餐的卡路里数相同。早餐吃华夫饼或谷物的人，几个小时后或更短时间后就会准备再次进食；而早餐吃煎蛋饼的人，几个小时都不觉得饥饿。即使两种早餐所含热量相同，你的身体也会以不同的方式进行代谢。人体对每一餐的体验都不同。出现这种巨大差异的原因何在呢？原因有很多。

饮食再代谢营养是一种复杂的现象。人体具有多种激素途径，这些途径会影响食物的消化方式以及细胞的反应方式，会影响大脑对饥饿感和饱腹感信号的解读，最终影响个人的感受。若我们所有人都以相同的方式消耗卡路里，那么在以相同饮食摄入量和体力消耗量来维持一定体重的能力上，我们之间就不会有很大的差异。然而，没有两种代谢方式是完全相同的。

糖带来的问题

2011 年，我之前提到的《好卡路里，坏卡路里》和《我们为什么会发胖？》的作者盖里·陶比斯为《纽约时报》撰写了一篇颇受欢迎的文章，题为《糖有毒吗？》（Is Sugar Toxic?）。[18] 在文中，他不仅记录了人类生活和食品生产中糖的历史，还论述了糖影响人类身体健康的背后不断发展的科学。后来在他 2016 年下半年出版的《不吃糖的理由：上瘾、疾病与糖的故事》一书中，他指责糖是造成慢性疾病的主要原因。[19] 美国加利福尼亚大学旧金山分校医学院的罗伯特·勒斯蒂格是小儿激素疾病专家，也是儿童肥胖症方面的领先专家。他针对该主题撰写了大量文章（陶比斯也会引用勒斯蒂格的作品）。勒斯蒂格在《希望渺茫：克服糖、加工食品、肥胖症和疾病》（ *Fat Chance: Beating the Odds Against Sugar, Processed Food, Obesity, and Disease* ）一书中写道：人体以不同的方式代谢各种类型的糖。[20] 纯葡萄糖是形式最简单的糖，与白色颗粒状蔗糖不同，蔗糖是葡萄糖和果糖的结合。（我很快就会讲到，果糖是仅存于水果和蜂蜜中的一种天然存在的糖，是所有天然存在的碳水化合物中最甜的一种。）以克为单位，两种形式的糖提供相同的卡路里。但是人体对两种糖的处理方式不同。下面我来解释一下。

众所周知，葡萄糖会增加血糖，并且可以被人体所有细胞代谢。而人体对果糖的接受程度略有不同。食用果糖后，只有肝脏对其进行代谢，对胰岛素水平没有直接影响。饮用液态果糖（例如果汁和苏打水中的果糖），与食用等量的完整水果或蜂蜜形式的果糖并不相同。在所有天然糖中，果糖的血糖指数最低。尽管果糖可能不会引起血糖立即上升，但是如果摄入过量尤其是非自然来源的果糖，就会产生更多长期影响。这些果糖中最臭名昭著的是高果糖玉米糖浆。科学早已表明，食用果糖与葡萄糖耐量降低、胰岛素抵抗、高血脂和高血压有关。但是果糖过量不会影响胰岛素和瘦素这两种调节我们新陈代谢和饱腹感的关键激素的分泌。在某种意义上讲,果糖是影响人体代谢的唯一因素。这有助于解释为什么高果糖饮食会导致肥胖症及其产生的代谢后果。

我们旧石器时代的祖先吃水果,但并不是一年中的每天甚至每个月都吃。他们偶然发现的当季水果也并不像我们现在种植和购买的水果那样甜。我们的身体进化常常落后于时代发展。人类还没有进化到能够承受现今如此大量的果糖,我们接触到的果糖大部分是制造出来的,并非直接源于自然。与一罐添加大量果糖的苏打水相比,天然水果的含糖量相对较低。以一个中等大小的苹果与一罐添加果糖的 12 盎司苏打水为例。一个苹果含有约 44 卡路里的糖,但苹果富含纤维,苹果果肉中含有可溶性果胶纤维,果皮中含不溶性纤维。而一罐苏打水含有约 88 卡路里的糖,几乎是苹果糖含量的两倍,并且不含任何纤维。现在,当你用一批苹果制成苹果汁,并将其浓缩成一罐 12 盎司的饮料时会发生什么?就果糖和卡路里含量而言,你得到的饮料和苏打水几乎相同。但当果糖到达人体肝脏时,大部分就会转化成脂肪并储存在我们的脂肪细胞中。数十年来,生物化学家一直称果糖为最易发胖的碳水化合物!想一想,当我们食用每一餐时身体都要进行这种转化的话会发生什么?有时我们的肌肉组织也会对胰岛素产生抵抗力。

前面提到,我们消耗的大部分果糖并非自然形式。美国人平均每天食用 163 克精制糖(热量高于 650 卡路里),其中约 76 克(热量高于 30 卡路里)来自高加工果糖,这些果糖源于高果糖玉米糖浆。[21]高果糖玉米糖浆已经成为现代加工食品中主要的糖。尽管数据显示,高果糖玉米糖浆含 55% 的果糖、42% 的葡萄糖和 3% 的其他碳水化合物，但是这些百分比会因产品而异。研究表明，高果糖玉米糖浆所含的游离果糖要比产品标明的含量多得多。儿童肥胖症研究中心主任，南加州大学预防医学教授迈克尔·戈兰表示，在洛杉矶地区购买的苏打水中游离果糖含量高达 65%。[22] 当你食用含有高果糖玉米糖浆的加工食品时，并不知道自己到底在吃什么。我所说的也不只是垃圾食品、糖果和苏打水。糖会潜藏在调味品、沙拉调料、能量棒、酸奶和面包等现如今我们日常生活中很多毫无防备的地方，可以说是无处不在。

高果糖玉米糖浆是人类饮食中相对而言新出现的一种添加剂。1978 年，它成为饮料和食品中蔗糖的廉价替代品。你可能听过它是肥胖症流行的罪魁祸首，但并非唯一的影响因素。尽管我们确实可以将腰围过宽，以及类似于新陈代谢综合征等疾病部分归咎于食用高果糖玉米糖浆，但我们也可以归咎于其他糖类，因为它们都是碳水化合物。人类基因进化时，仅按一下按钮或滑动手指是无法获取以上信息的。我还应该指出，加工食品中的高果糖玉米糖浆通常会含有其他人造化学物质，其中一些化学物质也可能会诱发肥胖。[23]

我把这些叫作"糖生物学"，因为它有助于解释在没有任何潜在遗传倾向的情况下，我们人类是如何遭受文明疾病的痛苦的。当然，有些人在基因上易患糖尿病、心脏病或癌症。但是我想说的是，如果我们把人类的新陈代谢和生理机能推向众所周知的悬崖，那么所有人类都很容易受到这些疾病的困扰。对所有遗传了"糟糕基因"的人来说，可以通过转变生活方式来避免这种命运。命运和生活方式是双向影响的。我们都知道，为家庭奔忙的人患小病小灾的风险较高，或是容易被诊断出与疾病有关的基因变异，但是这些基因变异不会发展成疾病。现如今，整个研究领域都在关注生活方式因素与健康长寿的基因之间的相互作用。这就是所谓表观遗传学，加州大学洛杉矶分校的史蒂夫·霍瓦特等科学家正在开发一种方法来测量人体的"表观遗传钟"，以此来表明人体的生物学年龄。

若是没有烟草业，肺癌可能会是一种极其罕见的疾病。同样，若没有食品加工产业生产大量的精制碳水化合物，肥胖症也会非常罕见。其他疾病，例如糖尿病、心脏病、阿尔茨海默病以及许多癌症也可能很少见。我认为现在是时候以我们的祖先为榜样，采用古法健康饮食方式了，但是要有所不同。

祖先的基因组基础上的饮食

鉴于我在本章中描述的人类进化史，可以看到我们如今的饮食习惯有多失衡。我们没有游牧生活的变幻莫测，那时游牧民族不得不四处觅食，同时还要承受饥荒之苦。如果要根据基因组对我们的期望那样进行饮食活动，同时利用自噬的机能，我们就不会每天食用大量碳水化合物（尤其是精制面粉和糖），还有动物蛋白了。即使我们祖先的饮食以蛋白质和脂肪为基础，但是他们并没有像我们现代人类这样正餐时和空闲时都食用大量营养素。我们不必再像工业时代的人一样饮食了。

尽管古饮食法胜在不食用那些危害颇深的精制碳水化合物（尤

其是精制面粉和糖），但全年仍要食用大量水果、蜂蜜，当然还有许多动物蛋白。为降低雷帕霉素机制靶蛋白和提高自噬，古饮食还提倡摄入比所需更多的蛋白质。过多的碳水化合物和蛋白质的结合——一些研究者称为"营养超负荷"，就像典型的西方饮食一样，会给人类带来文明疾病。在第九章中，我将推荐控制雷帕霉素机制靶蛋白水平下的古饮食法食物。

第七章

用核桃和玉米喂养的牛

前几章中我曾提到，人体摄入过多的精制碳水化合物和动物蛋白将使雷帕霉素机制靶蛋白一直处于开启状态，从而导致新陈代谢的开关卡在生长模式，细胞内的清洁机制——自噬——永久关闭。正如我之前提到的，高脂饮食在保持人体所需卡路里摄入量的同时，会减少能够激活雷帕霉素机制靶蛋白的精制碳水化合物和动物蛋白（例如，芝士汉堡、比萨、番茄牛肉意大利面、牛排和土豆）的摄入。

但是，高脂饮食可能会让人联想到不健康、油腻食物以及暴饮暴食。脂肪燃烧是使人类的祖先从最为久远的穴居人，进化为我们当今人类的曾曾祖父母的条件。例如在爱尔兰大饥荒、美国经济"大萧条"或者沙尘暴肆虐等艰难时期，身体脂肪可以为人类提供巨大的能量。脂肪是我们身体的基本组成部分，存在于人类的肌肉组织、大脑和细胞膜中。然而众所周知的是，越来越多的人被过多脂肪缠身。早在20世纪80年代和90年代，当"无脂"成为食品的流行营销手段时，人们几乎不知道所谓"无脂"生活方式（即脂肪主要被精制面粉和糖替代）带来的结果事与愿违，会导致人类误入糖尿病和肥胖症的歧途，尤其造成多余的脂肪囤积在我们的身体组织和重要器官中。内脏脂肪通常被称作腹部脂肪，这种脂肪分布于人体腹腔内，并包裹着人体内部的器官。

腹部脂肪是最坏的脂肪，因为它具有最多的代谢结果。其中一种代谢结果是，当脂肪细胞衰老时，它们会停止分裂，但并不会消失。脂肪细胞衰老时，会发出促炎信号来动员免疫系统。而当衰老的脂肪细胞过多时，就会转变成慢性的全身性炎症。由于腹部脂肪堆积在人体器官周围，衰老的脂肪细胞发出的促炎信号严重破坏了这些器官的正常功能，并导致干细胞进入休眠状态。当干细胞（类似婴儿的前体细胞，可以分化成任何类型的细胞）进入休眠状态时，麻烦就来了。人体无法用它们来再生或修复病变的组织和器官。持续的炎症反应还会过度刺激人体的免疫系统，有时会导致自身免疫性问题，如类风湿性关节炎、多发性硬化症、炎症性肠病和红斑狼疮。

有关脂肪的基础知识

欢迎来到关于脂肪的篇章。我要讲的是好脂肪和坏脂肪，因为如果像大多数人一样，你了解到的信息可能是错误的，或者完全被不同类型饮食的倡导者或食品营销商提出的，关于什么使你发胖、什么让你健康的种种矛盾的观点弄糊涂了。当你的膳食脂肪达到适当平衡时，你的身体就能有效开启自噬机制。

　　让我们从基础讲起。当我们谈到脂肪对人体至关重要时，多半指的是脂肪酸，即在植物、动物和微生物中发现的重要化合物。人体的脂肪酸有助于控制血压和炎症，防止血液凝结。它们有助于细胞发育和健康细胞膜形成，并且被证明可以阻断动物体内的肿瘤形成，也可以阻止人类乳腺癌细胞的生长。

　　我将让下面的化学讲座言简意赅，但我希望你对脂肪有一个基本的了解。（除非你是一名医生，那么很可能你很久以前就掌握了一些这方面的知识，并完成了一次测试。）脂肪酸通常是由以直链形式相互连接的碳原子组成的，氢原子沿链的长度与一端的碳原子相连。另一端是羧基，正是羧基使它变成了酸（羧酸）。这些键的结构决定了脂肪酸是否饱和。当连接碳原子的键均为单键时，脂肪酸就饱和了；如果连接碳原子的键其中任何一个为双键或三键，该脂肪酸则是不饱和脂肪酸。少数脂肪酸具有支链（不要与富含动物蛋白的支链氨基酸混淆）；其他的，例如前列腺素（类似激素的脂肪化合物，在平滑肌的收缩和松弛中分泌），则含有环状结构。我还必须补充一点，脂肪酸是与甘油三酯形式的醇甘油酯结合在一起的。分布最为广泛的脂肪酸是油酸，它在一些植物油（如橄榄油、棕榈油、花生油和葵花油）中含量丰富，在人体中占脂肪的46%。此外，还有必需脂肪酸和非必需脂肪酸。顾名思义，必需脂肪酸指的是我们生存所需，但人体无法自行合成的脂肪酸，这种脂肪酸需要从饮食中获取。Omega-3脂肪酸和Omega-6脂肪酸是必需脂肪酸的两个最大类别（稍后会详细介绍）。

我们提到饮食脂肪时，通常有三种类型：饱和脂肪、不饱和脂肪和反式脂肪。饱和脂肪在室温下通常是固态的，天然存在于动物肉类和全脂奶制品中，例如牛奶、奶酪、黄油和奶油。还有一些饱和脂肪存在于植物性食物中，比如热带油（椰子油或棕榈油）和坚果。这些饱和脂肪是唯一一会提高血液总胆固醇水平和低密度脂蛋白（又被称作"坏的胆固醇"）的脂肪酸。基于以上原因，如果你摄入了过多的饱和脂肪，并且对 2 型糖尿病和心血管病具有潜在的遗传易感性，那么罹患这些疾病的风险会增加。虽然我们认为饱和脂肪是"有害的"，但是人体的每个细胞都需要这类脂肪才能生存。事实上，人体细胞膜含有 50% 的饱和脂肪，这些脂肪对我们的肺、心脏、骨骼、肝脏和免疫系统的结构与功能都起着重要作用，甚至我们的内分泌系统也需要依赖饱和脂肪酸来传达制造胰岛素等激素的需求。这类脂肪会向大脑传达你已经吃饱的信号，你可以放下餐具停止进食。

反式脂肪基本上是人造的合成脂肪，其作用类似于饱和脂肪。玉米、大豆或植物油是通过"氢化作用"变成固体脂肪的（因此成分表上有"氢化油"和"部分氢化油"的字样）。尽管根据美国食品药品监督管理局的新政策，食品生产中的反式脂肪已经逐渐被淘汰，但它们仍藏在许多加工食品，比如零食（薄脆饼干和薯片）、烘焙食品（松饼、曲奇饼干和蛋糕）、起酥油以及许多油炸快餐食品中。这些反式脂肪或许是最有损身体健康的，几乎没有任何可取之处，因此我希望它们能在几年之内从食品供应中消失。

　　室温下不饱和脂肪通常为液体。大多数蔬菜、坚果和食用油中都含有不饱和脂肪，通常被分为单不饱和脂肪酸和多不饱和脂肪酸。（单不饱和脂肪酸具有一对由双键连接的碳分子，多不饱和脂肪酸的碳链主链中的碳原子之间具有两个或多个双键。）研究表明，食用富含单不饱和脂肪酸的食物可以改善血胆固醇水平。[1] 研究还表明，单不饱和脂肪酸可能对胰岛素和血糖水平有积极作用，这两项极有利于控制体重以及控制代谢功能障碍。[2] 单不饱和脂肪酸存在于橄榄油、菜籽油①中，还有牛油果以及从中提取的油中。多不饱和脂肪酸主要存在于植物性食物和油，还有三文鱼、鲱鱼、大比目鱼等多脂鱼类的油中，以及海洋藻类中。有证据表明，食用富含多不饱和脂肪酸的食物可以改善血液的胆固醇水平，有助于降低罹患 2 型糖尿病的风险。[3] Omega-3 脂肪酸是一种具有特殊保护作用的多不饱和脂肪酸。

　　我们常听说的两种关键 Omega-3 脂肪酸是 DHA 和 EPA（二十碳五烯酸）。尽管 DHA 在健康防护方面比 EPA 更受重视，但这两种都是人体所需的物质。（人类每天需摄入 200~300 毫克，然而大多数美国人的摄入量不足该标准的 25%。）DHA 是哺乳动物大脑的主要结构成分，也是哺乳动物大脑中最丰富的一种 Omega-3 脂肪酸。这就解释了为什么 DHA 常因其能够增强大脑功能、降低认知能力下降，以及降低痴呆发生而广受吹捧。由于 DHA 这种 Omega-3 脂肪酸是神经元膜的重要组成部分，而人体合成 DHA 的效率低下，因此

---

① 菜籽油在大众健康认知里声誉不佳。它可能被过度加工，而且不像橄榄油那样头顶利于健康的光环。但是因为菜籽油的烟点较高，所以它可能更适合于高温烹饪，饮食上要选择优质的有机品牌。

我们要从多脂鱼类和富含 DHA 的蛋类中获取膳食 DHA。

DHA 影响大脑的一些机制，科学研究已开始阐明我们的一些认知。例如，DHA 膳食补充可提高海马脑源性神经营养因子（一种大脑生长激素）的水平，还能改善脑外伤啮齿动物的认知功能。事实上，大量研究表明，DHA 水平与脑容量之间存在相关性。2014 年，一项叫作"女性健康记忆研究"的大型研究选取了 1 100 多名绝经妇女作为评估对象。[4] 与许多此类研究一样，研究人员在研究开始时和 8 年后利用磁共振成像进行大脑扫描来测量评估对象的脑容量。DHA 水平较高说明脑容量更大，尤其是大脑的记忆中心海马体更大。2012 年选取了 1 500 多名男性和女性进行的著名的弗雷明汉心脏研究，也得出了同样结果。[5]（弗雷明汉心脏研究是科学界最有价值的研究之一，为我们对疾病风险因素的了解提供了大量数据。该研究始于 1948 年，当时从马萨诸塞州的弗雷明汉镇招募了 5 209 名年龄在 30~62 岁的健康男性和女性。此后，研究人员便一直对他们的情况进行追踪，在年龄、性别、身体特征和遗传模式等参数的背景下，寻找有关生理状况的线索。[6]）

因此，如果你想要避免大脑随年龄增长而出现自然萎缩，摄入更多的 DHA 不失为一种干预策略。人们认为，DHA 是通过增强大脑可塑性来提高认知能力的，大脑可塑性指的是大脑自我塑造的能力。DHA 能够增强脑细胞间的联系，简化脑细胞间的交流。它也可能通过对新陈代谢的积极影响而起作用，因为它能够促进葡萄糖利用和线粒体功能，从而减少氧化应激。当具备间歇性禁食、限制卡路里、蛋白质循环这些条件时，以上这些作用都有利于促进自噬。

现在，下面的内容才是真正重要的。关于 DHA 为何对大脑这般有益，并且能够提升认知能力的一种理论是，当饮食中含有足够的 DHA 时，DHA 便成为细胞膜尤其是大脑神经元细胞膜的重要成分。但是，当缺乏 DHA 时，细胞会将其他分子（例如 Omega-6 脂肪酸）吸收到细胞膜中，使它们的柔韧性变得很差，并且会阻碍细胞内电脉冲的传输。此外，这种替代可能会影响细胞膜内部一种叫作 G 蛋白的结构，也是脑细胞间传递信号的重要环节。这些蛋白质有利于细胞膜内外分子的相互作用。

另一种 Omega-3 脂肪酸 EPA 则是炎症的重要调节因子，对控制大脑细胞的炎症尤为重要。在该领域，大量抑郁症、注意缺陷与多动障碍（多动症）和脑外伤等关于大脑的研究表明，EPA 优于 DHA。因此，EPA 和 DHA 都是我们人体所需要的，它们常在食物和补充剂中同时存在。

严格意义上讲，胆固醇虽然也很重要，但却不是脂肪。胆固醇是一种呈蜡状、类似于脂肪的柔软物质，每个细胞都能制造它。我们所了解的两种胆固醇——高密度脂蛋白和低密度脂蛋白，并非两种不同的胆固醇。其实它们是胆固醇和脂肪的两种不同容器，各自具有独特的生物学作用。缺少任何一个，我们都无法生存。但它们有时候可能会出现失衡。低密度脂蛋白水平低可以降低患心脏病的风险，而过多的高密度脂蛋白会导致动脉阻塞。一般来说，胆固醇和其他饱和脂肪形成细胞膜。胆固醇还可以充当"看门人"，保护这些细胞膜，并监督其通透性，从而使细胞内外可以进行各种化学反应。例如，胆囊的胆盐由胆固醇构成，胆盐的作用是消化脂肪并促进脂溶性维生素的吸收。我们常听说低胆固醇的好处。但胆固醇也不能太低，因为胆固醇过低不仅会影响人体消化脂肪的能力，还会损害身体的电解质平衡，电解质平衡部分是由胆固醇控制的。

胆固醇还能促进大脑功能和发育。人的大脑仅占身体总质量的2%，但却含有身体胆固醇总量的25%。胆固醇的重量占大脑的1/5，我们据此就可以知道为什么大脑中胆固醇的可用性能决定是否可以生长新的突触（神经连接）。胆固醇使大脑细胞膜连接在一起，因此信号可以轻松跨越细胞膜间连接的突触。大脑中的胆固醇还是一种强大的抗氧化剂，能够保护大脑免受自由基的伤害。若体内没有胆固醇，就不可能产生雌激素和雄激素等类固醇激素，也不可能产生一种至关重要的脂溶性抗氧化剂维生素 D。作为一种起始成分，胆固醇是这些激素中的前体分子。

除了有助于人体各部位结构功能外，膳食脂肪摄入的主要原因之一还在于，能够帮助吸收和利用人体必需的脂溶性维生素，例如维生素 A、维生素 D、维生素 E 和维生素 K。"脂溶性"指的是这些维生素不溶于水，需要脂肪的帮助才能为人体所吸收。若人体缺乏维生素 K，就会缺乏形成血凝块的能力，并可能造成自发性出血。维生素 K 是新生儿出生后要立即服用的一种维生素，用于预防一种罕见但可能致命的出血性疾病。人体若缺乏维生素 A，则容易导致失明和感染。若缺乏维生素 D，则易患多种慢性疾病，比如抑郁症、神经退行性疾病以及一些像 1 型糖尿病等的自身免疫性疾病，还可能增加患心脏病的风险，特别是高血压和心脏增大的风险。由于精制的非天然食品过多，美国人的饮食中已经缺乏维生素。若再不摄入脂肪，就更可能患上维生素缺乏症。

脂肪悖论

　　有几种流传的悖论，即人类群落消耗了大量脂肪，却从未遭受固有观念中不良后果的困扰。例如，在魁北克北部人生活的努纳维克村庄中，40 岁以上的人几乎一半的卡路里来自当地的食物，这些食物主要来自自由活动的野生动物，它们的饮食也来自大自然（并非集中性动物饲养）[7]，当地人 50% 以上卡路里的摄入来自脂肪，但他们却不会像其他加拿大人或美国人那样高比例地死于心脏病。他们死于心脏病的概率大约是我们的一半。毫无疑问，他们的饮食对其自噬机制有利，从而有助于预防疾病。[8]

　　需要注意的是，野生动物与驯养动物的脂肪有很大区别。[9] 野生动物的饱和脂肪较少，更多的是单饱和脂肪（像是橄榄油中的脂肪），每克野生动物含有的多不饱和脂肪是驯养动物的 5 倍多。此外，野生动物的脂肪中含有相当多（约 4%）的 Omega-3 脂肪酸 EPA。如前所述，由于 EPA 这种脂肪酸具有明显的抗动脉粥样硬化、抗炎症和促进认知的特性，目前正处于临床研究阶段。此外，美国农业部认证的国产牛肉却几乎检测不到这种重要营养素。美国农业部认证的大规模生产的牛肉主要来自用谷物、大豆、玉米和其他营养补品喂养的牛，这些牛也会摄入一些生长激素和抗生素。这样的饮食改变了牛肉的自然成分，导致每克牛肉比草饲牛肉含有更高的卡路里，而且健康的脂肪平衡也降低了。

　　另外，人的饮食还包括冷水鱼类和海洋哺乳动物，它们富含多不饱和的 Omega-3 脂肪酸。如前所述，这类脂肪酸对人的心脏和血管系统有益。但是绝大多数美国人饮食中的多不饱和脂肪主要是由植物油、大多数豆类、坚果和种子提供的大量促炎性 Omega-6 脂肪酸。相比之下，鲸脂则含有 70% 的单不饱和脂肪酸和近 30% 的 Omega-3 脂肪酸。

　　Omega-3 脂肪酸明显有助于提高高密度脂蛋白胆固醇，降低甘油三酸酯，并且以其抗凝血作用而闻名。（民族学家评论过因纽特人流鼻血的倾向。）这些脂肪酸也可以保护心脏免受会造成心脏性猝死的心律不齐的危害。而且，就像"天然阿司匹林"一样，Omega-3 多不饱和脂肪酸有助于抑制失控的炎症过程，这些炎症过程会导致动脉粥样硬化、糖尿病、肥胖症、关节炎、阿尔茨海默病以及其他一些所谓文明疾病。[10]

　　早在 1908 年，丹麦医生奥古斯特·克罗格和玛丽·克罗格夫妇就研究了格陵兰人的饮食。[11] 他们证明了格陵兰人是当时已知的食肉最多的人群。后来，另一对丹麦医生汉斯·奥拉夫·邦和约恩·戴尔伯格在他们 1970—1979 年的研究中也证实了这一点。[12] 他们发现，格陵兰人的饮食主要由富含 Omega-3 脂肪酸的海豹和小鲸鱼构成，与加拿大人的饮食相似。食用的多不饱和 Omega-3 脂肪酸过多，可能是这些人心血管疾病发病率低的原因。的确，西方饮食也包含多不饱和脂肪酸，尤其是大多数人餐桌上的黄油被人工黄油取代以后。但它们都属于另一个家族，那就是 Omega-6 脂肪酸。让我们进一步定义它们。

Omega-3 脂肪酸与 Omega-6 脂肪酸

如前所述，人体必备的两种脂肪酸分别是 Omega-3 脂肪酸和 Omega-6 脂肪酸。Omega-6 脂肪酸有助于治疗皮肤病、对抗癌细胞和治疗关节炎。我们需适度摄入这类必需脂肪酸，但大多数人摄入了过多的促炎性脂肪，这种脂肪存在于肉类、某些蔬菜、植物油（植物油是美国饮食中脂肪的头号来源）、豆类、坚果和种子中。

我之前提到过，Omega-3 脂肪酸因其对人体的多种重要用途而被赋予光环。概括地说，Omega-3 脂肪酸有助于人体细胞和器官的正常运作，有助于细胞壁的形成，并促进氧气在体内循环。缺乏 Omega-3 脂肪酸会导致血凝块的形成。如果你严重缺乏 Omega-3 脂肪酸，则可能会出现记忆力和情绪问题、视力下降、头发和皮肤方面的问题、心律不齐以及免疫系统功能下降的问题。越来越多的证据表明，与富含饱和脂肪酸或 Omega-6 多不饱和脂肪酸的饮食相比，富含 Omega-3 脂肪酸的高脂饮食更能防止胰岛素抵抗。富含 Omega-3 脂肪酸的饮食可以增加肝细胞、骨骼肌细胞和脂肪细胞中胰岛素与胰岛素受体的结合亲和力，富含 Omega-3 脂肪酸的饮食也可以增加骨骼肌和脂肪组织中的胰岛素敏感性。

这是一个好消息。但也有一个坏消息：美国标准饮食中不存在 Omega-3 脂肪酸。美国人的日常饮食中 Omega-6 脂肪酸的含量是 Omega-3 脂肪酸含量的 20 倍，这并非好事。因为这意味着我们身体上的一种失衡，这种失衡最终会阻碍体内的自噬机制。

在旧石器时代，人类摄入的 Omega-6 脂肪酸与 Omega-3 脂肪酸的比例从 2∶1 到 1∶1 不等。而在现代美国人的饮食中，两者的比例约为 20∶1，对于很少吃加工食品的人，其饮食中两者的比例可能为 10∶1。对于那些不常吃鱼或没摄入足够的 Omega-3 脂肪酸鱼油的人来说尤其如此。最近的研究表明，Omega-6 脂肪酸会增加饥饿感（从而导致肥胖），而 Omega-3 脂肪酸会减少饥饿感。倡导旧石器时代的古饮食则有助于平衡这一比例，因为不食用加工食品、植物油、蛋黄酱和大多数坚果，而食用低糖碳水化合物，将大大减少那些诱发身体炎症的有害油的量。虽然食肉和食用肉类脂肪对人体有好处，但最大的不同在于这些肉来自哪些动物。

早在旧石器时代，大型动物都以野草为食，四处迁移，因此当时的矿物质一般来说没有消耗殆尽。这些动物自身的 Omega-6 脂肪酸与 Omega-3 脂肪酸的比例接近 2∶1，有时是 1∶1。因此，食用这些动物的脂肪是健康的。然而，由于现代化的集中性动物饲养，成千上万的牛、猪或鸡被圈养起来，不允许自由放牧，通常给动物饲喂几乎所有种类的谷物，其中大部分是玉米（如前所述，有时还有大豆和其他营养补充剂）。用玉米喂养的牛的 T 骨牛排含有约 9 克饱和脂肪，而同样一块草饲牛牛排含有约 1.3 克饱和脂肪。[13] 尽管草饲牛肉的 Omega-6 脂肪酸与 Omega-3 脂肪酸的比例远比谷饲牛肉高，但经常食用牛排所摄入的 Omega-6 脂肪酸总量，与食用植物油（如玉米、大豆和红花）及坚果所摄入的 Omega-6 脂肪酸含量相比，可能不会明显增加人体的炎症水平。而且由于这些油被用于大多数加工食品中，因此基本上属于一种看不见的危害。

　　说到坚果，我想谈谈一些可能你从未听说过的事情。当你仔细查看下面的列表时，就会发现核桃和杏仁中 Omega-6 脂肪酸的含量高得惊人。我们常听说坚果含有"健康的脂肪"，然而我认为，就像脂肪一样，并非所有坚果都是一样的。我每日吃的坚果中，只有夏威夷果通过了测试，夏威夷果的 Omega-3 脂肪酸与 Omega-6 脂肪酸的比例最佳，并且其中的大部分脂肪都是单不饱和脂肪酸。杏仁、花生（实际上是豆类）和巴西坚果基本不含 Omega-3 脂肪酸，而 Omega-6 脂肪酸的含量极高。不要误会我的意思，杏仁、花生、核桃和巴西坚果（除其他外）的确是健康的食物，但是如果你每天吃很多坚果，我会推荐选择一种具有更佳的 Omega-3 脂肪酸和 Omega-6 脂肪酸比例的坚果。（此外，如果你要在富含 Omega-6 脂肪酸的加工食品和一把坚果中做选择，那么就选择坚果，不论是什么种类的坚果。）

各种食物中的 Omega-6 脂肪酸和 Omega-3 脂肪酸含量

食物	卡路里	Omega-6 脂肪酸	Omega-3 脂肪酸	饱和脂肪酸	Omega-6 脂肪酸与 Omega-3 脂肪酸的比例
1 罐轻装金枪鱼罐头（165 克）	191	15	464	0	0.03
大熟虾 16 只，3 盎司（85 克）	84	18	295	0	0.06
干热烹制的三文鱼 3 盎司（85 克）	184	96	1 210	2	0.08

食物	卡路里	Omega-6 脂肪酸	Omega-3 脂肪酸	饱和脂肪酸	Omega-6 脂肪酸与 Omega-3 脂肪酸的比例
熟西蓝花 3 盎司（85 克）	28	17	111	0	0.15
生菠菜 2 杯（60 克）	14	16	83	0	0.19
整粒的亚麻籽种子，1 汤匙（10 克）	102	606	2 338	400	0.26
干热烹饪的人工养殖大西洋三文鱼 3 盎司（85 克）	175	566	1 921	2	0.29
长叶莴苣 2 杯（85 克）	14	40	96	0	0.42
熟西蓝花 1/2 杯（78 克）	27	40	93	0	0.43
熟芸豆 1 杯（177 克）	225	191	301	0	0.63
熟甘蓝菜 1/2 杯（65 克）	18	52	67	0	0.78
核桃 1 盎司（14 个半，28 克）	185	10 761	2 565	1 700	4.20
煮熟的冷冻绿豌豆 1/2 杯（80 克）	62	84	19	0	4.42
生的草饲牛肉，4 盎司（112 克）	216	480	100	6 000	4.80
豆油 2 汤匙，1 盎司（28 克）	248	14 361	1 935	4	7.42

续表

食物	卡路里	Omega-6 脂肪酸	Omega-3 脂肪酸	饱和脂肪酸	Omega-6 脂肪酸与 Omega-3 脂肪酸的比例
熟大豆 1 杯（172 克）	298	7 681	1 029	2	7.46
生的硬豆腐 1/2 杯（126 克）	183	5 466	733	2	7.46
切丁的烤鸡胸肉 1 杯（140 克）	231	826	98	1	8.43
切丁的烤鸡腿肉 1 杯（140 克）	267	2 268	238	3	9.53
生的常规饲养牛肉 4 盎司（112 克）	372	668	68	12 800	9.82
橄榄油 2 汤匙，1 盎司（28 克）	248	2 734	213	3 900	12.84
麦当劳麦乐鸡块 4 块（64 克）	186	3 505	191	2	18.35
普通的传统干麦片 1/3 杯（27 克）	102	594	27	300	22.00
熟的中等颗粒的糙米 1 杯（195 克）	218	552	25	0	22.08
泛褐色的牛肉饼，4 盎司（112 克）	304	452	20	8 000	22.60
煮熟的大玉米穗的玉米 8 英寸（118 克）	127	691	21	0	32.90
3 块花生酱夹心饼干（42 克）	201	1 548	45	2	34.40

食物	卡路里	Omega-6 脂肪酸	Omega-3 脂肪酸	饱和脂肪酸	Omega-6 脂肪酸与 Omega-3 脂肪酸的比例
玉米油 2 汤匙，1 盎司（28 克）	238	14 448	314	3	46.01
干烤开心果 1 盎司（28 克）	160	3 818	73	1 600	52.30
生芝麻 2 汤匙（18 克）	104	3 848	68	1	56.59
南瓜子 1 盎司（28 克）	153	5 849	51	3	114.69
花生酱 2 汤匙（32 克）	188	3 610	16	3 000	225.63
生葵花子 1 盎司（28 克）	164	6 454	21	1 200	307.33
生的瓦伦西亚花生 1 盎司（28 克）	160	4 616	3	2 100	1 538.67
去皮杏仁 1 盎司（28 克）	161	3 378	2	1 000	1 689.00

注：食物中的 Omega-6 脂肪酸含量越低越好，Omega-3 脂肪酸含量越高越好，饱和脂肪含量越低越好，Omega-6 脂肪酸与 Omega-3 脂肪酸的比例越低越好。

很久以前，我们就知道过多的 Omega-6 脂肪酸对我们的健康有害。1966 年，以澳大利亚的城市命名的《悉尼饮食心脏研究》，随机选取了 448 位患有心脏病的中年男性，一组按自己的意愿进食，另一组食用低反式脂肪食物，以及低胆固醇但富含 Omega-6 脂肪酸的食物（主要是红花油）。[14] 7 年来，研究人员对两组患者的心脏病和死亡情况进行了追踪。结果震惊了所有人：尽管后一组患者饮食中的低密度脂蛋白胆固醇水平急剧下降，但该组死亡人数却比前一组高出 6%，这表明 18 人中有 1 人死于饮食原因。研究期间的血液测试显示，后一组患者的饮食中，胆固醇和甘油三酸酯水平显著下降，正是预期的效果，然而最终结果是患致命性心脏病的死亡率却高出第一组 6%，这完全是存活率有差异的原因。悉尼饮食心脏研究组强调，用 Omega-6 脂肪酸来代替有害脂肪（反式脂肪和膳食胆固醇），实际上增加了冠心病和心源性猝死的风险！

关于饮食在预防心脏病方面的作用，最有力的说法来自距今更近一些的《莱昂饮食心脏研究》，该研究于 1999 年得出结论。[15] 该研究将心脏病发作的幸存者分为两组，其中一组的饮食遵循美国心脏协会的建议（基本上是美国农业部的指导方针，当时称为食物金字塔），而另一组则采用富含水果、蔬菜和鱼类的地中海式饮食。同时他们的饮食中还补充了 Omega-3 脂肪酸，以及极少量的 Omega-6 脂肪酸。四年后，两组人员的胆固醇水平相似。然而，与美国心脏协会饮食组相比，地中海式饮食组人员的致命和非致命性心脏病发作都减少了 70%以上，美国心脏协会饮食组在饮食中摄入了大量 Omega-6 脂肪酸。

这项研究戳破了高胆固醇心脏病理论的漏洞。实际上，由于地中海式饮食组的饮食与另一组相比有着显著的益处，因此，这项研究很早就终止了。更重要的是，在采取地中海式饮食的四年时间里，该小组人员并没有发生过心源性猝死（该术语用于形容心电图紊乱，心脏停止规律性跳动，是心血管相关疾病导致死亡的主要原因之一）。研究人员还记录了与地中海式饮食组人员相比，美国心脏协会饮食组患有更多的新型癌症。两组人员在吸烟、使用药物（包括抗脂类药物）、运动、体重、血压和心理社会因素方面无显著差异。因此这使科学家能够充分了解营养摄入带来的影响。

显然，美国心脏协会的声明可能并不完善。2017年，美国心脏协会发表了一份反对椰子油的声明，称椰子油是不健康的饱和脂肪。[16] 该声明带来的困惑在医学界引起了轩然大波。一些批评人士指出，美国心脏协会与一位是大豆生产商的捐赠者有关系，因此他们怀疑该建议背后有经济诱因。当前的共识是，食用纯天然形式的椰子油，而不是与精制谷物一起食用，并非"不健康"。它可以是一种出色的食用油，为菜肴增添风味，也可以作为中链甘油三酸酯的来源。我认为没有人会过量食用椰子油。

向 Omega-3 脂肪酸致敬！

Omega-3 脂肪酸可以加快新陈代谢（鉴于体形的原因，食用富含 Omega-3 脂肪酸食物的海鸟和海豹等动物具有异常高的新陈代谢），有助于抑制身体炎症。而 Omega-6 脂肪酸则会减缓新陈代谢，加剧身体炎症。这可能是现代饮食使我们发胖，以及我们容易患上炎症性慢性疾病的关键原因之一。不仅是我们吃了太多的食物，还因为我们的饮食中含有大量的 Omega-6 脂肪酸。Omega-6 脂肪酸与 Omega-3 脂肪酸的比例过高对骨骼也不利，因为比例较高的话，骨骼的矿物质密度就会较低。

Omega-6 脂肪酸来自多种种子和谷物。在西方国家所依赖的多种植物油中，Omega-6 脂肪酸的含量尤其高。加工食品中最常见的大豆含有近90%的 Omega-6 脂肪酸。大豆油是目前美国最大的 Omega-6 脂肪酸来源，因为它非常便宜（仅在过去 50 年里，我们人体脂肪库中发现的 Omega-6 脂肪酸的量便增加了 3 倍）。这不仅仅是因为我们改变了饮食习惯，还因为我们改变了所食动物的饮食习惯。人类越来越多地向它们喂食富含 Omega-6 脂肪酸的谷物（如 Omega-6 脂肪酸含量很高的玉米），而非野生植物和草，因而大大降低了大多数集中性饲养的动物肉类的 Omega-3 脂肪酸含量。

地中海式饮食中的健康脂肪

"地中海式饮食"一词，暗示了所有地中海地区的居民都遵循相同的饮食习惯，这实际上是一个错误说法。地中海盆地周边的国家，也就是地中海沿岸地区的国家，饮食、宗教和文化各不相同。这些国家居民的饮食在脂肪消耗的质量、肉的种类以及酒的摄入量上有所不同；在牛奶与奶酪的食用上、果蔬多样性上，以及冠心病和癌症的发病率等方面均存在差异。希腊是该地区居民发病率最低、人均寿命最长的国家。对希腊传统饮食（从 1960 年开始，受到西方影响前的饮食）的广泛研究表明，希腊人的饮食模式包括摄入较多水果、蔬菜（尤其是野生植物）、坚果和谷物（主要是以低糖酵母面包的形式，而非高糖面食）；较多橄榄油和橄榄；较少的牛奶，但羊奶和羊奶奶酪较多；多鱼，少肉；饮酒也比其他地中海国家的居民要少。

对克里特岛居民的饮食模式分析显示，其饮食中含多种防护性物质成分，如硒、谷胱甘肽、比例平衡的 Omega-6 与 Omega-3 必需脂肪酸、高含量的纤维、抗氧化剂（尤其是酒中的白藜芦醇，以及橄榄油中的多酚物质）、维生素 E 和维生素 C。其中一些已被证明与降低癌症发病率有关系，包括乳腺癌。[17] 因此，当我表示认可地中海式饮食时，指的实际上就是传统的希腊饮食。这种饮食是能够利用自噬功能及其抗疾病过程的最佳饮食。

2013 年 4 月，《新英格兰医学期刊》发表了一项具有里程碑意义的大型研究报告，报告显示，55~80 岁的地中海式饮食者，比典型的低脂饮食者患心脏病和中风的风险要低。[18] 风险降幅达 30%。结果令人震惊，因此研究人员很早便终止了这项研究。因为事实证明，对那些食用大量商业烘焙食品而非健康脂肪的人来说，低脂饮食危害极大。（2018 年，在其研究方法遭到批评后，该项研究的作者们撤销了他们最初的论文，并在同一期刊上再次发布了针对其数据的重新分析。[19] 尽管原始研究存在缺陷，主要是由于在饮食结果方面的研究局限，以及对一些研究人员无法真正控制的因素上面的局限，但结论仍旧是一样的。）

2017 年，地中海式饮食备受关注，因为这种饮食明显有助于人类大脑健康，尤其是有助于保持脑容量。人类的大脑会随年龄的增长而萎缩，因此若有能够保持其容量和强度的东西，都是一种意外收获。那一年，发表在《神经病学》（Neurology）杂志上的一项研究表明，严格遵循这种饮食的老年人的脑容量更大。[20] 苏格兰研究人员分别对 401 位 73 岁的老年人进行了磁共振成像，测量了他们的脑容量，并在他们 76 岁时再次进行了测量。即使调整了其他可以解释脑容量差异的因素，如糖尿病、高血压，甚至受教育程度等，研究人员的结论依旧很明确：越较少遵从地中海式饮食，就越有可能在三年内出现脑萎缩。有趣的是，该饮食参与性最高的人，比参与性最低的人的脑容量平均要大 10 毫升。

　　大量研究表明，地中海式饮食对治疗 2 型糖尿病也有积极作用。研究人员对这一领域的多项研究进行回顾时，得出结论，迄今为止积累的证据表明，采用地中海式饮食有助于预防 2 型糖尿病的发生，有助于改善血糖控制，有助于降低糖尿病患者的心血管疾病风险。[21]一些已发表的研究表明，坚持地中海式饮食的人，空腹血糖和血红蛋白糖化血红素水平有所改善，心血管疾病发病率也有所降低。

　　大量研究人员表示，含有高剂量鱼油的饮食易增加中风的可能性。这是因为关于格陵兰人的流行病学数据表明，他们的中风率似乎比丹麦人高。高剂量鱼油的这种潜在副作用，是通过比较研究日本的某个渔村和该村 20 英里外的农业社区所发现的。[22]研究发现，渔村居民的中风发病率比农业社区居民要低得多，前者食鱼多，后者食鱼少，因此食用的鱼油也少。渔村居民的血液中，Omega-6 脂肪酸与 Omega-3 脂肪酸的比率为 1.5∶1，这是我建议的最低比率（请参阅第九章）。在另一项研究中，患有出血性中风的格陵兰因纽特人血液中的 Omega-6 脂肪酸与 Omega-3 脂肪酸比率为 0.5∶1，是我建议的最低比率的 1/3。而那些未患中风的人的 Omega-6 脂肪酸与 Omega-3 脂肪酸的比率是 0.8∶1，但这仍然只有我建议的最低比率的 1/2。[23]若 Omega-6 脂肪酸与 Omega-3 脂肪酸的比率仅达到我建议比率的 1/3，那么患上中风的风险可能就会增加。然而，由于美国人普遍摄入大量的 Omega-6 脂肪酸，即使是阿尔茨海默病患者每天都会摄入 25 克长链 Omega-3 脂肪酸，他们的 Omega-6 脂肪酸与 Omega-3 脂肪酸的比率也很少下降到 1.5∶1 以下。

　　规避这种潜在副作用的另一种方法就是，尽可能食用特级初榨橄榄油。与其他单不饱和油相比，特级初榨橄榄油富含抗氧化剂，因为它是由水果（橄榄）而不是种子提炼的。橄榄油中含有一种非常强效的抗氧化剂，叫作角鲨烯。已有研究证明，角鲨烯几乎可以完全消除高剂量鱼油饮食可能引起的人体血液中氧化产物的增加。因此，这就解释了为什么单不饱和脂肪酸，尤其是橄榄油，是我饮食计划的主要组成部分。

当然，每天服用 100~400 国际单位的维生素 E 作为补充，也是规避这种潜在副作用的方法。你可以利用网上的测试装备，轻松测试 Omega-6 脂肪酸与 Omega-3 脂肪酸的比率。比率在 1.5：1~3：1 之间，表示你的"好的"Omega 脂肪酸和"坏的"Omega 脂肪酸处于平衡状态，你处于健康的 Omega 脂肪酸区域。在第九章中，我将为你提供一些建议，以确保你摄入正确的 Omega 脂肪酸。若你不想食用能提供这些营养物质的食物，那么补充营养是关键。

尽管众多研究表明，补充 Omega-3 脂肪酸具有特定益处，但 2018 年发表在考克兰系统评价数据库中的一项著名研究发现，79 项涉及 Omega-3 脂肪酸补充剂的临床研究综述显示，对接受治疗的人来说，全因死亡率或患有心脏相关疾病的概率并未降低。[24] 通过引用的研究，我注意到，他们摄入的 Omega-3 脂肪酸剂量远低于认为必要的剂量（并且比饮食富含 Omega-3 脂肪酸的北极圈附近的居民摄入的量要少一个数量级）。我认为，在 Omega-3 脂肪酸指数血液测试中，必须将细胞膜中的 Omega-3 脂肪酸水平控制在 8% 的范围内。通过这种市售的血液测试，每天食用一汤匙液态（调味）鱼油的话，我能够在短短几个月内将自己的 Omega-3 脂肪酸水平提高到约 10%。

很难过量食用那些增强人体自噬能力的含 Omega-3 脂肪酸的食物。

Omega-3脂肪酸的主要来源

- 深绿色叶类蔬菜（如西蓝花、沙拉蔬菜）

- 多脂冷水野生鱼类（如三文鱼、鲭鱼）

- 牧场饲养（草食）的动物肉类

- 养殖鸡蛋

- 大麻籽

- 亚麻籽

- 奇亚籽

- 特级初榨橄榄油

- 椰子油

- 牛油果油

- 夏威夷果

- 鱼油

- 含 EPA 和 DHA 的藻类营养补充剂

拒绝Omega-6脂肪酸

- 富含 Omega-6 脂肪酸的植物油（葵花、玉米、大豆、花生和棉籽）

- 含有这些油的加工食品

- 许多豆类、坚果和种子

第八章

鲸鱼、啮齿动物和吸烟者

侏儒综合征患者已经表明降低胰岛素样生长因子 1 为何有抗癌功效，同样，我们也可以从一些哺乳动物的远亲身上学到其他东西，即通过定期关闭雷帕霉素机制靶蛋白，促进自噬的发生，从而抑制癌症。毕竟，癌症是最可怕的疾病之一。在所有自然或人为的死因中，癌症位居第二（仅次于心脏病）。大约每四例死亡中就有一例是死于癌症。事实证明，弓头鲸、裸鼹鼠，甚至是轻度吸烟者，都可以说明如何通过关闭雷帕霉素机制靶蛋白来预防这种疾病。它们的习惯进一步证明了自噬的力量。

尽管研究鲸鱼、啮齿动物和吸烟者的生活习惯与环境，以期改善人类健康，似乎有些奇怪，但通常科学研究就是这么做的。我们尽一切可能学习。

遇见弓头鲸

　　弓头鲸不是海洋中最大的哺乳动物，但它们的嘴却是所有现存动物中最大的，占身体总长度的 1/3。它们可以长达 65 英尺，头很大，体形相对矮胖，油脂也是动物界第一，这使它们成为捕鲸者的重要目标。在过去数百年中，弓头鲸数量锐减。弓头鲸生活在北半球极地浮冰附近，通常在浅水区。与其他鲸不同，弓头鲸不会迁移到温暖的水域，只会待在北极圈内的冰冷水域，尽管它们也会在里面冬夏迁徙。这些鲸是长须鲸，这意味着它们嘴中有骨板，并通过鬓毛过滤食物。弓头鲸张开巨盆大口，在海面或海底吃草，捕捉浮游动物，包括桡足类动物和磷虾。它们每年需要吃大约 100 公吨的甲壳类动物。其食物富含 Omega-3 脂肪酸，因此，这也就不难说明，弓头鲸脂肪中 Omega-3 脂肪酸含量较高，却检测不到 Omega-6 脂肪酸。由于这种饮食习惯，弓头鲸体内的维生素 D 也很多。

　　从 17 世纪到 20 世纪初，弓头鲸一直因商业目的被猎杀，用来生产油、肉和服装材料（胸衣、伞骨、马鞭等）。[1] 如今，一些阿拉斯加原住民被允许猎捕一定数量的弓头鲸，以获取食物，生产当地的手工艺品。有时弓头鲸还被虎鲸捕食。有一些弓头鲸会困在厚厚的冰层中被冻死，还有一些则死于其他自然原因。弓头鲸数量有限，并且生存环境恶劣，因而在所有大型鲸鱼中最难研究。它们没有牙齿（牙齿可以用来估计哺乳动物的年龄），因此很难判断它们自然死亡时的年龄。不过确实有一些线索可以供我们研究，在不被猎杀的情况下弓头鲸可以活多久。

克雷格·乔治博士是阿拉斯加州巴罗市野生动物管理协会的高级野生动物学家，他利用一项技术，通过研究弓头鲸的眼睛晶状体中氨基酸的变化来测量其年龄。2004 年，乔治博士和同事们研究了1978—1997 年阿拉斯加因纽特人捕获的 48 头鲸鱼，随后发表了一份估计弓头鲸年龄的最新报告。[2] 乔治博士惊讶地发现，有一头弓头鲸已经 174 岁了，而另一头 213 岁！因此，弓头鲸被认为是地球上最长寿的哺乳动物。

因纽特人用鱼叉捕鲸已有 4 000 多年的历史了，他们经常说，几代捕鲸者都靠鲸身上的标记来识别，当鲸要破冰而出时，捕猎者就会用鱼叉在它们身上留下这种标记。这些标记使训练有素的捕鲸者容易识别它们，类似一种可识别的文身。

这份年龄估计报告得到了巴罗和阿拉斯加冰冻北海岸其他村庄当地猎人的支持，自 1981 年以来，他们在刚捕杀的弓头鲸鲸脂中发现了六个古代鱼叉头。这些鱼叉头并非像现代的一样用钢制成，而是用象牙和石头制成的，这种鱼叉自 19 世纪 80 年代以来就不再被人类所使用。

根据许多研究报告，鲸、海豚和鼠海豚极少患癌。经检查，加拿大北极地区 1 800 多只鲸类动物中，仅发现一种癌，约 50 头白鲸未发现肿瘤。1980—1989 年，检查 130 头弓头鲸的尸体后，只在一头的肝脏中发现了良性肿瘤。根据 L. 迈克尔·菲洛在《弓头鲸》（*The Bowhead Whale*）一书中对弓头鲸死亡原因的描述，"肿瘤不太可能是引起弓头鲸发病或死亡的主要因素"。[3]

那么弓头鲸长寿和抗癌的秘诀是什么？尽管它们在夏天充分进食，但在黑暗寒冷的冬季，通常很少进食。在此期间，它们摄入的卡路里极少，大部分营养来自消耗体内脂肪的生酮和自噬。这种模式（一年中九个月开启，三个月关闭）是我在研究项目中认可的一种。弓头鲸的故事重申了时断时续的季节性禁食、热量限制（就像阿索斯山的修道士所做的那样），以及偶尔遵循生酮饮食的价值。但这也表现了一年中某些时段开启雷帕霉素机制靶蛋白的重要性，它可以储备能量并促进新组织和细胞的生长。

弓头鲸之类的鲸也为雷帕霉素机制靶蛋白的故事增添了小转折。它们潜入深海之中，通常屏息二十分钟到一个小时，人们认为这些鲸在此期间经历了间歇性缺氧。这很重要，因为雷帕霉素机制靶蛋白开关的上游不仅与胰岛素、胰岛素样生长因子 1 和某些氨基酸（例如亮氨酸）的充足供应有关，还与氧有关。氧是细胞产能的关键，由于制造蛋白质或分裂细胞需要大量能量，所以如果氧含量不足，细胞将通过雷帕霉素机制靶蛋白减少产能。但弓头鲸并不是唯一间歇性禁食和缺氧的哺乳动物。接下来的这个物种有油皮和大龅牙。

裸鼹鼠

凝视着一只裸鼹鼠时，也许"只有母亲才受得了的长相"这句话会浮现在脑海中。裸鼹鼠已经成为科学界的宠儿，尽管乍一看你可能不会这么说。

这种啮齿动物无毛、呈管状、皱巴巴的，还有两颗大龅牙，这使它看上去有点像小海象。裸鼹鼠是地球上唯一的冷血哺乳动物，主要生活在非洲东部和中东沙漠地区的地下群落中。经允许，我捧着谢利·巴芬斯坦地下生态缸的一只裸鼹鼠。谢利·巴芬斯坦是萨姆和安·巴肖普长寿与衰老研究所的教授（该研究所隶属得克

我捧着一只裸鼹鼠

萨斯大学圣安东尼奥健康科学中心），她现在也是 Calico 实验室（谷歌子公司）的高级首席研究员，长寿啮齿动物是她研究的重点。

一个群落可能有 20~300 只裸鼹鼠，它们生活在地下，群落面积有六个橄榄球场那么大，并配备精心设计的隧道系统。裸鼹鼠群的每个成员都各司其职。一些挖隧道，另一些则收集树根和球茎供群落的裸鼹鼠食用。其他裸鼹鼠想当女王，女王是群落里唯一可以繁殖的老鼠。雄性裸鼹鼠在等级制度上争得不可开交，雄性与雄性之间，雌性与雌性之间，总存在竞争——看谁能站在顶端，谁在狭窄的隧道和房间里被踩在脚下。它们很少去地面上冒险，通常去地面也只是为了寻找食物。因此，与地面上的啮齿类动物相比，它们需要对付的捕食者要少得多。

裸鼹鼠的啮齿类近亲通常最多能活 2~5 年，而裸鼹鼠的寿命长达 30 年，直到 25 岁之后才显示出衰老的迹象。它们又瞎又胖，穿

着自己发明的防护服四处乱窜。按照人类的标准，这些老鼠喜欢的居住环境并不理想。它们喜欢睡在成堆的裸鼹鼠身上，由于洞穴通风不畅，洞内会产生二氧化碳等大量气体，会导致其他动物死亡。洞穴中的空气通常含氧量低（约 8%），而二氧化碳含量高（约 10%），这是因为土壤内气体交换不佳，并且许多裸鼹鼠共享有限的空气。因此，这些动物长期生活在缺氧（低氧）的环境里，但它们对此有很强的抵抗力。裸鼹鼠天生不能在干旱季节觅食。除非地面被雨水充分润湿，否则它们无法大肆觅食。雨后不久，裸鼹鼠开始工作，拼命挖洞，寻找足够的食物以度过长久的干旱期。这样的觅食模式可能会使它们处于间歇性热量限制和长期禁食的状态，正如前几章所说的，这会促进自噬、延缓衰老、延长寿命。

裸鼹鼠一生中至少有 80% 的时间维持正常的活动和身体机能，尽管生活条件艰苦，但发病率和死亡率没有与年龄呈现明显的正相关性。其长寿的原因可能是稳定的健康状况和对癌症的强抵抗力。众所周知，老鼠通常用于疾病研究。科学家使它们染上各种各样的疾病，以研究影响人类健康的常见病痛。他们还对啮齿动物进行干预性研究，看看 x、y 或 z 是否对它们的健康（进而可能对人类的健康）有影响。换言之，大多数生物医学研究人员都想让动物生病，以便他们寻找治愈方法。但裸鼹鼠的不可思议之处在于：它们不会患上癌症。当巴芬斯坦教授试图通过感染、注射或辐射诱发癌症时，它们并没有患癌。相反，它们自愈了。

以下是几个相关例子。[4] 2004 年，她把一些具有抗癌能力的啮齿动物放入伽马射线室并用电离射线扫描。它们的细胞都没有发生癌变。2010年，她尝试使用一种著名的致癌病毒和致癌基因（SV40 TAg和Ras），但裸鼹鼠仍然很健康。一年后，她的实验室试图将一种恶性致癌物二羟甲基丁酸和一种致炎因子组织型纤溶酶原激活物结合起来，使裸鼹鼠患癌。这种方法杀死了100%的普通老鼠，但裸鼹鼠却拒绝屈服。

裸鼹鼠体内有多种机制来确保蛋白质结构的健康，维持体内平衡。其蛋白质似乎能够抵御高温和尿素（代谢后产生的含氮分解产物）等应激因素，并且其细胞能通过所谓泛素–蛋白酶体系统，以及——你猜到了——自噬，特别有效地清除受损的蛋白质和细胞器。泛素–蛋白酶体系统是一个长术语，但定义却很简单：它基本上是一种蛋白质降解的途径，能分解可能诱发癌症的潜在有害蛋白质。的确，裸鼹鼠的蛋白酶体比普通实验室小鼠肝组织内的蛋白酶体更丰富，并能够以更高的效率破坏肝脏内的应激损伤蛋白质。同样，裸鼹鼠细胞中自噬的发生率是其他老鼠的2~4倍。

中国上海第二军医大学的科学家赵善民证实了这一点，他在2014年证明裸鼹鼠的自噬水平高于实验室小鼠。[5]总体而言，裸鼹鼠强大的细胞清洁能力可能有助于更好地维护高质量蛋白质组，并在遇到重金属或DNA直接破坏剂等细胞毒素时，帮助其细胞抵抗损伤。（简而言之，蛋白质组是人体细胞和组织体现的整个蛋白质库；要想了解癌症的发展进程，就要先了解蛋白质是如何受损的。）与经过相同实验处理的小鼠细胞相比，杀死裸鼹鼠细胞所需的毒素浓度要高得多。

另一个值得注意的怪异特征是，裸鼹鼠对某些形式的疼痛并不敏感，例如辣椒的辣味以及柠檬汁和醋的酸味。它们能够把凶猛的刺激物转变为止痛药。目前正在研究，能否使人类的疼痛系统对这种类型的疼痛同样免疫，这对于癌症或关节炎患者极有帮助，因为对他们来说，体内组织中酸性物质的积聚可能是慢性疼痛的主要原因。

我们可以从裸鼹鼠的成功故事里学到什么？它们的生活方式对我们适用吗？的确，我已经指出间歇性热量限制无疑会刺激自噬。但是，我们还可以从裸鼹鼠的缺氧环境中学到其他东西，这让我们看到了轻度吸烟的潜在好处。

吸　烟

珍妮·路易丝·卡尔门特出生于法国南部的阿尔勒镇。1988 年，在文森特·凡·高拜访阿尔勒 100 周年之际，珍妮告诉记者，100 年前，也就是 1888 年，13 岁的她在叔叔的布料店碰到凡·高来买画布。后来珍妮形容凡·高"蓬头垢面、衣衫破旧、难以相处"，而且"十分丑陋、粗鲁无礼、满脸病容"。这一面之缘也使她在 1990 年的电影《文森特与我》中获得了一个角色，在电影里本色出演。

珍妮最令人印象深刻的是，她是有史以来最长寿的女人。她于 1997 年 8 月在阿尔勒去世，享年 122 岁 164 天 [①]。有关她的书至少有一本，还有一部记录其生活的纪录片《120 多岁的珍妮·卡尔门特》（*Beyond 120 Years with Jeanne Calment*）也已经播出。像许多超级长

---

① 珍妮的年龄已被吉尼斯世界纪录和公共研究人员证实，但有些人指责她谎报年龄。她的长寿至今仍被载入史册，人们觉得挑战她的年龄是荒谬之事。

寿的人一样，珍妮并没有过着简单健康的生活。医生不建议的事，她几乎整天都在做。她抽烟喝酒——每天抽一根烟，喝一杯波尔图葡萄酒。她玩枪，摄入过量的糖和红肉，除了一两杯咖啡外，她从不吃早餐。她从 16 岁时开始吸烟，116 岁时（在医生的坚持下）戒烟，烟龄 100 年。世界上最长寿的两个男人——克里斯蒂安·莫滕森，享年 115 岁 252 天，以及沃尔特·布罗伊宁，享年 114 岁 205 天，每天都抽雪茄，抽到 100 多岁。（而且我们都记得乔治·伯恩斯和他著名的抽雪茄的习惯，他也活了 100 岁。）

　　显然，珍妮是例外，并不是一般规律。但是她的故事提到了两个重点。请注意，我说她除了喝咖啡外，早上从不吃其他东西。这意味着她每晚禁食，并用帮助自噬的饮料来开启新的一天（是的，咖啡通过其多酚含量刺激自噬；多酚是 500 多种植物化学物质的集合，它们是植物中天然存在的微量营养素，给植物着色，保护植物免受各种危险）。那她每天吸烟是不是也可能有帮助？我明确一下：我不赞成以任何形式吸烟。我们要把这一点弄清楚。但我想在这里指出一些有趣的化学反应，这样你下次吸入这种"夺氧"物质时就不会惊慌。

　　香烟会产生少量的一氧化碳。即使体内的血红蛋白（红细胞中的携氧蛋白）已经与氧气结合，一氧化碳也会非常强硬地将自己与氧置换，从而使血红蛋白失去输氧能力。在氧气和一氧化碳的竞争中，一氧化碳无疑是赢家。有些燃气加热器能够非常高效地吸收二氧化碳，并将其转化为一氧化碳，因此建筑法规要求安装一氧化碳传感警报器，以便在一氧化碳含量过高时发出警报，防止住户窒息。

因此，吸烟时吸入的一氧化碳会导致暂时轻度缺氧。在适当的条件下，细胞缺氧也有好处。弓头鲸和裸鼹鼠都经常缺氧，这可能解释了它们自噬激活状态变强的原因。

虽然每天抽一根烟或雪茄引起的短暂缺氧可能确实会促进自噬，帮助肺泡清理受损的蛋白质、外源性颗粒和功能紊乱的细胞器，但也有可能只是因为超百岁老人有一个或多个保护基因，使他们拥有足够的抵抗力，可以抵制吸入烟草的有害影响，而其他尝试养成相同习惯的人则可能缺乏这种保护。再次重申，我不赞成吸烟，但是在全面探索各物种自噬的过程中，这种发现太有趣了，我无法忽略。它也让我想到了毒物兴奋效应这个话题：什么物质高剂量时有毒，而低剂量时却有保护作用？

毒药的力量

米特拉达特斯是一个波斯名字，通常与统治古老的本都王国的王室联系在一起，统治区域位于现土耳其东北部。米特拉达特斯五世有希腊（亚历山大大帝的后裔）和波斯（本都法尔纳克一世之子）血统。他是罗马的朋友，在第三次布匿战争期间，罗马与迦太基人作战，他给罗马提供了船只和士兵。在位大约 30 年后，米特拉达特斯五世被毒杀，也许是妻子下的命令。其长子米特拉达特斯六世担心母亲会为了把王位传给她中意的儿子而故技重施，于是开始提取非致命毒药。经过数百次实验，他制造出一种毒药混合物，他觉得这会让他对所有已知的毒药免疫。

米特拉达特斯六世与罗马并不亲近，并且一生都在与罗马共和国进行激烈的战斗。在他自杀后，"毒药之王"的秘密配方被他国的国王和王后、皇室之人，甚至其他远在中国的人采纳，这种做法叫作"米特拉达特斯耐毒法"，即通过摄入少量毒品来保护自己免受毒害。

在过去几十年里，科学家们发现一种"反直觉"现象，其特性与米特拉达特斯的解毒剂类似，叫作

米特拉达特斯六世半身像，
位于法国巴黎卢浮宫

毒物兴奋效应。（请勿将其与顺势疗法混淆。用毒物兴奋效应的一般现象支持顺势疗法尚无根据。）

毒物兴奋效应以低剂量刺激和高剂量抑制为特征。换言之，这种药物可以用双相曲线（U 曲线）表示，跟无剂量相比，低剂量的效果会增强 30%~60%，而高剂量却会抑制反应。[6] 很难理解吧？一个示例将有助于说明此现象：一种特定的化疗药物可能会在低剂量时刺激肿瘤生长，但在高剂量时会抑制肿瘤生长。因此，从肿瘤细胞的角度来看，低剂量化学毒素是有益的，能够刺激它的生长，而更多的化学毒素则会使它死亡。正如科学家描述的这个新概念（非常类似于米特拉达特斯六世本人的假设）一样，微量的有毒物质可能有益，类似于疫苗。再如，有充分的文献表明，适度饮酒（不仅是葡萄酒，还包括任何含酒精的饮料）可以降低患心脏病的风险，而

过量饮酒则会增加患心脏病、肝病、神经系统疾病和癌症的风险。[7]
其他研究表明，低剂量的许多化学毒素，无论是来自烟雾、镉、杀虫剂还是二噁英，都具有毒物兴奋效应。[8]但同样，这些都与剂量有关（请不要误解，我不是建议你早上喝咖啡时加一点杀虫剂）。

我再举一个简单的例子，这样你就清楚这一概念了。科学家早已证明，剧烈的有氧运动可以延长动物的寿命，并减少人类患上多种与年龄有关的疾病的风险（而且不一定非得一直剧烈运动才有帮助）。但是此处有一个悖论，因为有氧运动在一定程度上对身体有害。它是有氧的，意味着它需要大量氧气参与，氧气流通速率可达身体静止时的 10 倍。为了适应这种运动，细胞通过增强参与氧防御和细胞修复的基因来增强自身能力。这是毒物兴奋效应的本质。

美国研究人员爱德华·卡拉布雷塞是马萨诸塞大学阿默斯特分校公共卫生与健康科学学院的教授。针对低剂量毒素对健康的作用，扭转相关的科学观点，他责无旁贷。他的兴趣源于 1966 年在布里奇沃特州立学院攻读本科时进行的一项实验。在实验中，他和同学们用一种叫作氯化磷的普通除草剂喷洒了胡椒薄荷植物，想看看这种除草剂对植物的生长有多大阻碍。但令他们惊讶的是，喷洒了除草剂的植物比未经处理的植物多长了 40%，变得更高了，也长出了更多叶子。后来，他们发现是因为除草剂不小心经过了大量稀释。这个意外激起了卡拉布雷塞的好奇心，他转而研究一个毒理学悖论，这个悖论存在已久，但依旧没有看到多少曙光：低剂量的某些毒药是否真的有益。

1998 年，花了近 10 年时间从数千项研究中搜集数据后，卡拉布雷塞发表了一篇论文，指出他所评估的近 4 000 项研究中，有 350 项可能发生了毒物兴奋效应。[9] 他评估了许多生物学指标，生长反应是最普遍的，其次是代谢作用、寿命、生殖反应和存活率。他发现使用微剂量的抗生素后，细菌大量繁殖；在摄入少量重金属（例如铅）后，植物生长迅速。接触少量滴滴涕的大鼠比未接触滴滴涕的大鼠患肝脏肿瘤的概率更低。他的结论是：毒物兴奋效应是一种可复制且相对普遍的生物现象。该理论确实受到了批评，目前全世界都在研究它，但是其潜在机制似乎也合乎逻辑：当有机体面临生存的潜在威胁时，它将通过生物反应和分子修复团队来做出回应。该反应实际在某种程度上可以使有机体受益。[1] 这就是自噬可能起作用的地方。

异体吞噬：吞噬细胞内病原体

先介绍一些生物学知识，这将对你有所帮助。白细胞，也称为 leukocytes（源自希腊语 leuko，意为白色，以及 kytos，意为中空血管），它是骨髓里干细胞产生的免疫细胞。它们遍布全身，包括血液

---

① 关于毒物兴奋效应的潜在力量，目前最有趣的研究领域之一是 "巴基球" 的使用，巴基球是由碳分子构成的纳米颗粒，形似足球。它们已被证明具有抗氧化特性，最终可能会促进自噬，延长寿命。它们也可能通过毒物兴奋效应对细胞产生压力，从而发挥作用。2017年，一项法国研究在网上疯传，研究人员在老鼠的胃中注入了溶于橄榄油的巴基球，使老鼠的寿命延长了一倍。这种研究也有疑点，它还只是处于起步阶段，因此对我们来说没有实际的参考价值。但请继续关注。也许有一天，我们所有人都会在早上喝咖啡时喝到巴基球。1985年，休斯敦莱斯大学的罗伯特·柯尔和理查德·斯莫利以及英国萨塞克斯大学的哈罗德·克罗托创造了由碳组成的中空分子，形似球体。巴克敏斯特·富勒曾设计出一个看起来结构非常相似的网状穹顶，为了纪念这位著名的未来学家和发明家，这种分子就叫作富勒烯（也就是 "巴基球"）。1996年，三位科学家因该发现获得了诺贝尔化学奖。

和淋巴系统。血液中白细胞数量异常增多通常是疾病的体现。巨噬细胞（macrophages，源自希腊语，指"大胃王"）是一种白细胞，能吞噬并消化细胞外的细胞碎片。其目标包括细胞死亡和分解后留下的细胞碎片、异物、微生物和流氓细胞（例如癌细胞）。它们可以通过释放一氧化氮引起炎症，也可以通过释放生长激素分子鸟氨酸发挥修复功能。

另一种具有保卫功能的是吞噬细胞（phagocytes，源自希腊语，phagein 意为"吃"，cyte 意为"细胞"）。这些细胞通过摄入有害异物、细菌以及死亡或垂死的细胞来保护人体。吞噬细胞被感染时发出的化学信号吸引，向入侵者聚集。当它们与有害细菌等物质接触时，会将其吞噬，并用氧化剂或一氧化氮将其杀死。细胞膜将在吞噬细胞吸收的颗粒周围形成囊泡。该囊泡称为吞噬体，它将与溶酶体融合以抵御外来入侵者。这些术语听起来应该很熟悉，因为我在第二章描述过，在自噬过程中，吞噬体和溶酶体对消化或回收生物成分起着至关重要的作用。

可悲的是，对于我们这种多细胞生物来说，细菌用很长一段时间学会了一种技能，这一技能可以让细菌逃避这些系统并将自己变成细胞，它们试图劫持原有细胞结构以感染宿主并繁殖。抗菌自噬，也称为异体自噬，是免疫反应的固有组成部分，它针对细胞内病原体，例如病毒和细菌。

泛素，最早发现于 1975 年，是一种小型调节蛋白，几乎存在于所有具有细胞核的细胞中（但在红细胞中未发现）。因其几乎"无处不在"，所以叫"泛素"。这些蛋白质与其他需要通过自噬消化的蛋白质结合。靶蛋白可以是单独个体（即它本身），可以与其他蛋白结合，也可以是细菌或病毒的一部分。当然，一些细菌也进化到可以逃避这种异体吞噬。例如，沙门氏菌可以在其感染周期的后期阶段阻止自噬防御，而人类免疫缺陷病毒含有一种叫 Nef 的蛋白，它可以阻止自噬体成熟。当 Nef 蛋白被阻断时，人类免疫缺陷病毒会通过异体吞噬被降解。

现在，让我们重新回到毒素能够刺激自噬的概念上。一旦检测到细胞和线粒体内的毒素，人体的清洁功能就会被触发。人们认为，特定病毒、细菌和寄生虫引起的自噬至少在一定程度上可以被认为是对这些物质物理特性的反应，而不是对其化学结构和 / 或其代谢产物的反应，但是鉴定它们的确切方法仍然未知。与健康的线粒体相比，突变或受损的线粒体会释放更多自由基，这些功能异常的强大分子也会被标记，通过自噬清除。服用抗氧化补充剂可能会减少自由基（或者更专业地说，活性氧），阻碍线粒体应回收的信号，从而对清理功能异常的线粒体造成干扰。这可以解释长期以来困扰着研究人员的一种悖论，他们试图通过增加人体的抗氧化剂来解决健康问题（人体天然产生的抗氧化剂是 α – 硫辛酸和谷胱甘肽）。

逆向毒物兴奋效应

我们不断听到抗氧化剂的好处。从脸上涂的产品到我们摄入的食物，抗氧化剂出现在日常媒体中，被吹捧为抗衰老圣品。更专业地说，抗氧化剂包括维生素、胡萝卜素、植物化学物质以及在食品和植物中发现的矿物质。它们充当电子供体来消灭这些能破坏蛋白质、细胞膜和 DNA 的自由基。这些自由基可能悄悄引发炎症，并增加罹患癌症和许多慢性疾病的风险。但是，如果你一直关注这些媒体，那么你可能会注意到几年前轰动一时的标题，诸如"抗氧化剂会致癌！"等。几十年来，科学家们一直在研究摄入抗氧化剂或用其擦皮肤的潜在益处，那么为何会有这样令人震惊的新闻？

全球已经进行了几项有关补充抗氧化剂和预防癌症的临床试验，但结果尚不明朗。在大多数情况下，补充剂不会增加患癌风险。但是我们不能忽视那些已经证明患癌风险有所增加的研究。这些研究中最值得注意的是"胡萝卜素和维生素 A 功效试验"（CARET）[10]，以及 α – 生育酚和 β – 胡萝卜素癌症预防（ATBC）研究[11]。研究证明，每天补充 β – 胡萝卜素或 β – 胡萝卜素加维生素 A，会增加吸烟者的肺癌发病率和全因死亡率。两项研究均始于 1985 年。由于研究结果令人震惊，CARET 研究于 1996 年初提前终止。ATBC 研究中服用补充剂的人 1993 年便停止服用了，但研究人员一直跟踪观察到2013 年。还有硒和维生素 E 癌症预防试验（SELECT），该试验最初于 2008 年公布结果，[12] 并于 2011 年进行后续研究。[13] SELECT 表明，每天补充维生素 E 可使老年男性的前列腺癌发病率增加 17%。

在 2015 年的一项研究中，哥德堡大学的科学家给患有早期肺癌的小鼠服用了维生素 E 和一种称为 N– 乙酰半胱氨酸的非专利药，两者均为抗氧化剂。[14] 维生素 E 的剂量与补充剂相当。乙酰半胱氨酸用于治疗慢性阻塞性肺疾病，其作用是减少黏液。它的剂量相对较低。实验结果令人大开眼界：与未服用抗氧化剂的小鼠相比，服用抗氧化剂的小鼠肺肿瘤的发病率增加了 2.8 倍。此外，抗氧化剂显然使肿瘤更具扩散性和侵略性，使小鼠的死亡速度翻倍。当抗氧化剂注入实验室培养皿中的人体肺部肿瘤细胞时，它们也促进了肿瘤细胞的生长。据负责 2015 年这项研究的马丁·贝尔戈所言，该结果与许多研究一致，"抗氧化剂不能保护健康人免受癌症侵袭，甚至可能会增加患癌风险"，或者使已身患癌症的人病情恶化。贝尔戈还参与了 2015 年的另一项研究，研究表明抗氧化剂会增加皮肤癌（黑色素瘤）转移的风险。[15]

贝尔戈的肺部研究取得了重大进展，研究指出抗氧化剂的致癌作用，这与我们的直觉相反。虽然抗氧化剂确实可以减少氧化应激和 DNA 损伤，这与我们的预期相同，但这种损害变得非常微不足道，细胞根本无法察觉。此时，细胞便无法启动基于 p53 蛋白的癌症防御系统。在过去 30 多年中，这种抗癌分子，以及编码这种分子的肿瘤抑制基因 TP53 受到了广泛关注，尤其是自 1993 年 12 月《科学》杂志宣布其为年度分子之后。① 这是当今研究中最热门的基因。（平均每天大约发表两篇论文，补充 TP53 基本生物学原理的新细节。）事实是：大约一半的人类癌症都发生了变异。另外，细胞分裂时人类每组染色体只会复制一次，每个新细胞就有两条染色体——一条来自母亲，另一条来自父亲。许多完全不患癌的其他动物，它们的 TP53 基因可以复制多次。大象是一个经常被引用的例子，大象

---

① p53 分子被称为"基因组的守护者"。之前我称自噬为守护者，是因为它可以改善 DNA 损伤和染色体不稳定的情况。说它们是守护者，都是实至名归的。而且我认为未来将发现除 TP53 以外的其他抑制肿瘤的基因。

的每个细胞内至少有 20 个 TP53 基因，它们没有患上癌症的原因在于其 TP53 优势（科学家在 2015 年刚刚发现了这一点，此后引发了新的调查和癌症研究）。[16] 我们不仅要保护 TP53 不突变，而且要避免某些物质阻止其发挥作用。这让我想起了抗氧化剂。p53 和其他分子活动原本能修复的体内损伤，抗氧化剂也能修复吗？它们也会阻碍自噬反应吗？

当然。许多抗氧化剂都会抑制自噬反应。通过阻碍自噬，抗氧化化合物会使蛋白质更容易聚集，从而增加患上神经退行性疾病的风险。例如，在罹患亨廷顿舞蹈症的苍蝇和斑马鱼中，抗氧化剂会使疾病恶化并抵消自噬诱导剂的好处。因此，某些类型的抗氧化剂在神经退行性疾病中的潜在优势，可能因其阻断自噬的特性而有所削弱。正如我之前所述，这对其他疾病也可能适用，不仅针对神经退行性疾病。因此，我们可以获得许多好东西（抗氧化剂），甚至生活中的任何事物。

寻求平衡

抗氧化剂的研究将继续下去。总的来说，有许多研究表明它们如何抗癌并具有其他促进健康的作用。这是一个非常复杂的医学领域，需要继续研究。我们不能忘记，不同的抗氧化剂作用不同，可能危害较小甚至有益。此外，在实验室培养皿进行的，对实验室动物（如小鼠和大鼠）的研究可能也不适用于人类。我们不能忽视这一事实：每个人都独一无二。我的 DNA 和罹患某些疾病的潜在风险与你不同。同样，未来的研究人员会弄清楚这一点，并将真正个性化的药物推向市场。

我想所有人应该都一致同意，任何大剂量药物对我们都没有好处。当然，我们也必须在内外部抗氧化剂之间做好平衡。接下来，我会提供一个总体策略来帮助你做到这一点。根据我们已有的发现，我认为要达到良好平衡，需要在进食（合成代谢）状态下消耗抗氧化剂，而在禁食（分解代谢）状态下避免摄入抗氧化剂，发挥自噬的作用。

本章的这些故事只是为了强调生命以及衰老的某些冷门知识。我们还没有得到全部答案，但是我们可以向自然界的其他事物学习，从诸如弓头鲸之类的大型哺乳动物，到裸鼹鼠之类的小型哺乳动物，甚至像珍妮·路易丝·卡尔门特这样看似超自然的人。我相信，对于我们这些将继续寻找青春之泉的凡人来说，未来是个好兆头。同时，我们可以相信间歇性禁食、蛋白质循环和酮症的力量。我还建议你通过锻炼和减压来平衡自己。

让我们开始吧。

第九章

手指采血检测和食物清单

忘了那些排毒果汁、排毒饮食、减肥茶以及各种"灵丹妙药"吧。也别信那些低脂生活和广告宣传的噱头。你自己就知道更健康、更长寿的秘诀。读到这里，如果你还没有根据所读内容来改变一些习惯，那么现在就是你做出改变的时候了。我想让你尽可能轻松地做到这一点，因此在本章中，我将为你提供一系列参考指导，你可以根据自己的实际生活自行进行调整。目标就是尽可能地用到我在本书中提到的策略。你将在一年中的八个月里，通过启动自噬功能，分解代谢并完成你体内组织和细胞的清理；在另外四个月中，通过启动雷帕霉素机制靶蛋白，合成重组你体内的组织，完成细胞新生。以上过程请以适合你自身的方式进行：两个月启动自噬，一个月关闭；四个月启动自噬，两个月关闭；甚至是连续八个月启动自噬，连续四个月关闭。目前关于完美的分解代谢－合成代谢模式，尚未达成共识，但在新的研究中，我认为二者按照8：4的比率是最健康的。我将提供一些大家都可以很好地遵循的通用原则，再提供一些方法，来加快或优化你的结果。

你对细胞新陈代谢的了解比当今大多数人，包括许多执业医生都要多。一旦开始做出改变，你将很快看到并感知到结果。若你从未尝试过低碳水化合物或酮类饮食，那么可能会经历一个磨合期，磨合期时可能会感冒、乏力，感觉不适，正如我在第五章中提到的那样，这些是完全正常的，也在意料之中。请记住，我们正在重新训练你的身体，这是你的身体新陈代谢被长期遗忘的一个过程。在此过程中，我们会清理杂乱，也会激起一些灰尘。身体经历一场革新，你也会感知到一些影响。专注于指日可待的事物：更有活力，头脑更清晰，充满生机。你可能患有的任何慢性疾病的症状会减弱甚至消失。你将睡得更好，工作效率更高，并找到锻炼的动力。你不仅可以更好地控制血糖、炎症水平、体重和慢性疾病，还可以看到生活其他方面的变化。你将变得更自信，更轻松地度过紧张时刻。

我要重申的是，如果你目前正面临健康问题，包括怀孕或处在哺乳期，或正在服用药物来预防或治疗疾病，那么你应该与你的医生探讨一下本章中的观点和建议，以上方式并不是适用于每个人的。我希望你可以找到自己的最佳方案，可以得益于其中的策略，并根据身体状况对其进行调整，最终过上更健康、更长寿的生活。

如果你和大多数人一样，你的身体会依赖碳水化合物，并且会摄入过多的胰岛素，那么那些仍在提倡我们应该从碳水化合物中获取大部分卡路里的营养指南，并没有什么用。美国农业部于1980年发布的首版《食品金字塔指南》及其以后的版本（现在称为"我的餐盘"），对我们的身体和腰围都造成了破坏性影响。这些指南的荒谬和讽刺意味在于，尽管存在诸如必需脂肪和必需氨基酸之类的东西，却没有诸如必需碳水化合物之类的东西，然而这正是他们倡导的！即使身体摄入零碳水化合物的食物，你仍然可以通过糖异生过程来制造葡萄糖。肝脏会将脂肪中的甘油转化为葡萄糖。一项又一项的研究表明，与那些低脂饮食并减少卡路里总消耗量的人相比，食用低碳水化合物饮食而非减少卡路里总消耗量的人的体重减少更多。这也说明了很多问题。

不要怀疑你的能力，这是我们人类进化的结果。而且不必担心限制卡路里，减少蛋白质摄入，也不必丢掉对百吉饼和冰激凌的爱。我知道，对许多人而言，不摄入糖和碳水化合物，如糕点、煎饼和比萨，可能会很困难。改变很难，但是，当你投入挑战并获得回报时，自然就出现了巨大的改变。在这个计划中，你不会觉得受限，也不会有难以忍受的渴望。一定要进行初步尝试。但首先，让我们讨论一些测试，这些测试可以帮助你了解新的生活方式对你是否有效。这也将在开始时为你提供一个基准。

手指采血

如果我们一生都将雷帕霉素机制靶蛋白开启，而关闭自噬功能，将会产生什么样的结果呢？如果我们生活在这样的状态下，那么患肥胖症、糖尿病、心脏病、癌症和/或阿尔茨海默病的风险将是惊人的，也有人同时患有以上多种疾病，称作合并症。然而，正如我们所看到的，在冲绳、洛马林达和阿索斯山这样的"健康绿洲"地区，那些遵循着"原始"饮食的居民，患这些文明疾病的风险要低得多。开启基因开关，并将自噬功能恢复到我们旧石器时代祖先的水平，是对我们身体有利的状态。通过这种方式，我们可以微调身体系统，或许可以逆转疾病的进程，甚至完全阻止疾病的发生。

在开始新的健康方案时，我非常喜欢自我量化，追踪自己的健康参数，包括体重、身体质量指数、肌肉质量、血管脂肪组织、骨密度和各种血液化学指标。自我量化将有助于你监控风险因素（高血糖、高血压、高甘油三酯或高胆固醇等）。它还将为你提供反馈，针对所列出的做法，例如，多吃整株植物，少食动物肉和奶制品（但不一定是动物脂肪），以及禁食等，以改善身体的健康指标，降低疾病风险。测试结果将为你提供一个基准，并进一步激励你改变自身行为，控制个人健康。

现如今的医学可以对你的健康状况进行分析，来确定你罹患某些疾病的风险，从肥胖症、糖尿病到阿尔茨海默病和癌症。本章所列出的实验研究测试现如今均可行，经济实惠，并且大多数的医保都涵盖进去了，甚至在药店，包括诊所中的专业护士就可以进行测试。但是如果你当前患有任何疾病，建议你和医生进行沟通，由医生进行评估后，你再进行所有的诊断测试。你要根据自己的医疗状况（包括妊娠），就你计划进行的生活方式做出改变，与医生进行沟通。如果你目前正在服药，那更要如此。你可能还需要做一个全面的身体检查，确保除了医生建议的检查以外，还要进行所有相关检查。如果你有某种疾病的家族病史，如阿尔茨海默病或糖尿病，则需要与医生谈一谈，询问是否可以进行其他检查，或询问是否有进一步的预防方法。

现在DNA测序已经进入大众市场，并且通过各种生物技术公司得以广泛使用，因此我建议你可以通过该方式获取你的个人基因组学和风险状况的信息。你可以在药房或通过网络购买DNA测试试剂盒；你只需将唾液吐入试管中，然后将其邮寄给生物技术公司。尽管某些数据没有什么信息性，却很有趣，例如告诉你，你的耳垢类型或你的遗传系统。但是有些数据可以告诉你有哪些基因变异，易使你患上某些疾病。但请记住，你的DNA序列只是健康谜题的一部分。DNA比命运更能说明你的健康风险。大多数情况下，你的DNA序列会预示风险概率，而不一定预示你的命运。与我们出生时的基因信息相比，DNA的表达方式与我们生活方式的选择关系更为密切。简而言之，你可以通过饮食、睡眠、运动和呼吸的方式来改变身体的命运。现在，让我们来谈谈这些测试，所有测试都应在常规年度体检时进行。

- 空腹血糖：建议购买便宜的血糖仪（试纸的价格保持在每天一美元以下）。这些可以在网上或在当地药店购买。每天醒来第一件事就是使用它进行检测，然后在日历上标记结果。我每天会将一日饮食说明记录在网上，这样便可以进行回顾，来了解哪些有利于改善清晨的空腹血糖水平，哪些应该抛弃。你清晨的血糖结果通常会受到前一天饮食的影响。血糖检测仪是一种常用的诊断工具，用于检测糖尿病前期和糖尿病，若你在八小时及以上时间里没有进食，那么血糖测量仪便可以对你的血糖含量进行测量。空腹血糖水平在 70~100 毫克 / 分升之间是正常水平；高于此水平，你的身体就会表现出胰岛素抵抗和糖尿病的迹象，患脑部疾病的风险也会增加。理想情况下，建议你的空腹血糖水平低于 95 毫克 / 分升。我尝试将自身的空腹（早晨）血糖水平保持在 75~85 毫克 / 分升。否则，自噬功能将会关闭。你也可以在正餐或吃零食一小时后检测自己的血糖水平。如果超过 120 毫克 / 分升，则说明你摄入的糖分过多，在下一次进食时则需减少血糖生成指数高的碳水化合物的摄入。

- 糖化血红蛋白：如前文所述，该测试可显示 90 天内的"平均"血糖水平，因此，它可以提供全面控制血糖的更好指标。这是医生对患者进行例行检查时常用的一种测试。良好的糖化血红蛋白值在 4.8%~5.4%。数值介于 5.7%~6.4%，则表明是糖尿病前期，而数值在 6.5% 或以上，则表示有糖尿病。可能需要一些时间才能看到这个数值的改善，这也是为什么通常每 3~4 个月才进行一次测量，或者在每年常规体检时进行测量。如果你的糖化血红蛋白水平长期居高不下，自噬功能则无法开启。

- 同型半胱氨酸：人体中这种氨基酸水平较高，与多种疾病有关，如动脉粥样硬化（动脉狭窄和硬化）、心脏病、中风以及肾病、抑郁和阿尔茨海默病。食用大量肉类和乳制品的人往往该项指标较高，因为这些食物中含有甲硫氨酸，甲硫氨酸这种氨基酸在人体内会转化成高半胱氨酸。该项指标的水平应为每升 10 毫摩尔或更低。要注意，如果高半胱氨酸水平高，则会使端粒缩短的速度增加两倍。端粒是染色体末端上的小"帽子"，用来保护你的基因，它们的长度是人体衰老速度的生物指标。一旦减少了肉类和乳制品的摄入，你的高半胱氨酸的水平会自动降低。身体锻炼和一些维生素 B 类，特别是叶酸（B_9）、B_{12}、B_6 和 B_2，也有助于降低高半胱氨酸的水平。人体依赖于这些维生素来代谢高半胱氨酸，这就是为什么高半胱氨酸水平高的人往往维生素 B 含量很低。

- C 反应蛋白（CRP）：这是身体炎症的一项标志。建议水平在每升 0~3.0 毫克之间。你的 C 反应蛋白水平可能需要几个月的时间来改善，但在按照我的计划执行一个月后，你也可以看到积极的变化。

- 血脂概况（或血脂项）：这能测量血液中胆固醇的含量，其中包括低密度脂蛋白、高密度脂蛋白以及总胆固醇，还能测量体内甘油三酯的含量。甘油三酯是血液中的一种脂肪，含量高通常表明肝脏或胰腺有问题。甘油三酯水平高往往会伴有其他问题，如糖尿病、肥胖症、高血压和失衡的高密度脂蛋白 / 低密度脂蛋白。过多摄入精制糖和酒精，会导致甘油三酯水平增高。根据克利夫兰医学中心的说法，以下是一些参考数值。[①]

◇ 总胆固醇：100~199 毫克 / 分升（适用于 21 岁以上的人群）。

◇ 高密度脂蛋白：大于 40 毫克 / 分升。

◇ 低密度脂蛋白：对于心脏或心血管疾病患者，及其他心脏病高危人群（代谢综合征患者），应低于 70 毫克 / 分升；对于高危患者

---

① 对儿童和青少年而言参考数值又不相同。评估胆固醇水平和相关健康风险的新方法开始出现。例如，有种方法叫作马丁–霍普金斯方程，可以帮助医生更精确地计算出低密度脂蛋白的数值，患者不需要在抽血前禁食。但是大多数医疗中心仍在使用上述参考点。

（例如具有多种心脏病危险因素的患者），应低于 100 毫克 / 分升；
对于冠心病低危人群，应低于 130 毫克 / 分升。

❖ 甘油三酯：应低于 150 毫克 / 分升。

- Omega-6 脂肪酸与 Omega-3 脂肪酸的比率：如前文所述，你可以网购试剂盒，在家中通过简单的测试来获取自己的 Omega-3 脂肪酸水平。除非你提出这一要求，否则医生不会专门要求你做该项测试。建议 Omega-3 脂肪酸水平范围在 8%~12%。Omega-6 脂肪酸与 Omega-3 脂肪酸的比率应在 1：1 到 2：1 之间。

- 双能 X 线吸收测量法（DEXA）检查：这种低剂量的 X 光检查，大约需要 10 分钟，在美国各地这种检查越来越流行。DEXA 是用于无创扫描身体的技术的一种花哨说法。要选择能够提供全身成像而不仅仅是骨密度扫描的公司。许多公司提供 3D（三维）扫描，可以按部位提供你的身体质量指数、体脂比例、肌肉质量和骨密度。利用这些扫描，你可以获取有关饮食状况的短期反馈，例如，肌肉是增加还是减少了，是否需要补充钙和维生素 K_2，或者是否需要参加一些负重锻炼来增加你的骨密度。你的医生就能操作以上扫描检查，或者你可以根据居住地，选择一些医学影像中心。无须处方，只需 45 美元便可以完成检查。

在整套项目开展三个月后，要重复以上检查，来看看自身状况有哪些改善。然后在你去医院时，将这些转达给医生。

基因开关生活方式的十大关键

现在是时候回顾一下你所学的东西了，以下是十大关键点。

1. 动物、酵母、原生动物和植物都经历着饱餐（合成代谢）和饥荒（分解代谢）的状态。它们的雷帕霉素机制靶蛋白开关像我们人类一样开启和关闭，从生长（合成代谢）到循环（分解代谢）。

2. 从我们最早的祖先开始在非洲大草原上狩猎和采集，到约 12 000 年前农业革命开始，大约过去了 400 万年。因此，人类摄入谷物和乳制品的时间，还不及 1% 的人类历史时长的 1/4。换句话说，人类作为狩猎采集者的时间，比我们作为农民或牧场主的时间要长 400 倍。

3. 我们的穴居祖先很可能以低糖的草、种子、坚果和块茎为食，有条件的话，还会尽可能地摄入脂肪和肉类。他们会根据季节食用蜂蜜和谷物，但这些都不是他们日常卡路里的主要来源。

4. 当人类社会从狩猎采集者饮食模式转向以谷物为基础的饮食时，尤其是在大量生产的精制糖和面粉出现以后，一些文明疾病，例如糖尿病、癌症、心血管疾病和阿尔茨海默病，便开始在更大比例的人群中出现。

5. 世界各地的许多人群，包括冲绳人、洛马林达素食主义者和阿索斯山地区的修道士，都与西方人的饮食习惯有所不同，他们多食用整株植物，很少食用肉类和乳制品，比起那些摄入较多精制谷物、糖和养殖肉类产品的典型西方饮食的人来说，这些人群的寿命更长，患有糖尿病、癌症、心血管疾病和阿尔茨海默病的概率也要低得多。

6. 若动物蛋白和乳制品的摄入量不足，那么胰岛素样生长因子 1 的水平就会较低（前面提到的三个人群的胰岛素样生长因子 1 受体基因功能缺失，都有着类似侏儒综合征的经历），同时雷帕霉素机制靶蛋白会降低。这就是人体进入分解代谢状态的过程，在这种状态下，自噬功能会启动，身体会清除掉错误折叠的蛋白质和功能失调的细胞器。

7. 若血糖生成指数高的碳水化合物摄入量不足，比如糖、面粉、易消化的淀粉和常见的水果，人的血糖水平就会降低，从而保护身体免受糖化终产物的影响，雷帕霉素机制靶蛋白也会降低。

8. 摄入的碳水化合物过低时（每天少于 20 克），人体就会不断产生酮，从而处于一种生酮状态。这种状态不仅会降低雷帕霉素机制靶蛋白，还能够帮助改善大脑功能，更容易禁食，帮助燃烧脂肪，以改善健康，更快达到减肥的效果。

9. 尽量选择能够抗炎症的食物，避免那些促炎症的食物，例如，避免食用富含 Omega-6 脂肪酸的食物，增加含有 Omega-3 脂肪酸食物的摄入量。

10. 保持身体长期健康的关键是实现循环饮食，这样的话，一年内的八个月里人体就会处于分解代谢状态，而另外四个月处于合成代谢状态。按照这种饮食模式（无论你想怎么安排，或连续八个月处于分解代谢状态，或每三个月里两个月处于分解代谢状态），便能最准确地模仿人类祖先的饮食，进行最充分的体内"大扫除"，大大降低患上所谓文明疾病的风险，为身体提供干细胞新生周期，增强免疫系统，再增长一些肌肉和脂肪。

继续转动开关

以下是一些一般准则，用于指导你一年内八个月的促进自噬功能的分解代谢状态。稍后我还会给出一些建议，建议你选择性地模仿一种生活方式（冲绳人、洛马林达素食主义者或是阿索斯山地区修道士的生活方式），这种生活方式将会帮助你围绕低卡路里、低蛋白或规律性禁食的主题，来培养饮食习惯。指导这八个月分解代谢状态的另一种选择，是遵循生酮饮食，下文中我会提到，我认为这种饮食对于节食和实现理想身体质量指数更有效。

- 拒绝精制碳水化合物。谷类、薯片、饼干、曲奇、意大利面、酥皮糕点、松饼、蛋糕、甜甜圈、含糖零食、糖果、能量棒、冰激凌、番茄酱、加工的奶酪酱、果汁、运动饮料、汽水／苏打水、油炸食品，以及所有的包装食品，尤其是那些标着"无脂肪"或"低脂肪"的食品。拒绝所有"天然"糖，例如蜂蜜、糖蜜、红糖、龙舌兰、枫糖浆和食用糖。拒绝所有人造甜味剂、糖的替代品以及用它们制成的产品（你可以从甜叶菊和罗汉果中获取一点甜味）。
- 多吃全食植物。注重食用低糖蔬菜和豆类（如有疑问，可在线查询数据库，例如，哈佛健康组织列出了一份最新的清单）。要注意，只要不添加糖、防腐剂或其他成分，速冻食品和罐头食品都可以食用。

> ◇ 不限量：蘑菇、花椰菜、芝麻菜、青豆、豌豆，扁豆、鹰嘴豆、
> 山药（不是白薯）、卷心菜、生菜、莴苣、抱子甘蓝、羽衣甘蓝、
> 甜菜、洋葱、散叶甘蓝、小白菜、洋蓟、芹菜、萝卜、芦笋、大
> 蒜、韭菜、茴香、小葱、大葱、豆薯、欧芹和荸荠。
>
> ◇ 少食/降低食用频率（鉴于其草酸盐含量较高[①]）：菠菜、西蓝花、
> 白薯/红薯和茄子。

- 少吃动物蛋白，包括鸡蛋和乳制品（但不包括富含 Omega-3 脂肪酸
  的鱼类）。尝试将每周肉类摄入量限制在 8 盎司或更少，停止饮用
  牛奶，但是偶尔可以用山羊奶、绵羊奶或奶酪"开开胃"（每周不
  超过一次，更多信息见后文）。购买牧场鸡蛋，适量食用（每周不
  超过两个）。

- 少吃含有全谷物的食物（面包和意大利面），这些全谷物包括小麦、
  大麦还有黑麦等；完全远离精制面粉。将食用面包和意大利面的次
  数控制在每周一次甚至更少。低糖羽扇豆除外，它的蛋白质和纤维
  含量高，净碳水化合物含量（即总碳水化合物含量减去纤维含量）
  少。此前你可能从未听说过羽扇豆，但它越来越受欢迎，在网上或
  大多食品杂货店都可以买到。羽扇豆其实是一种豆类，可替代面
  粉。你可以购买羽扇豆粉，用来烤饼干和烤煎饼，从而替代普通面

[①] 大多数植物性食品中都存在着不同程度的草酸盐晶体。大的微晶有可能造成机械性损伤，而
草酸盐的离子，即可溶纳米晶形式的草酸盐则易于被人体吸收，从而对全身造成损坏。草酸
盐与身体疼痛、功能性障碍以及慢性疾病有关。有关更多信息，请参见萨莉·K. 诺顿发表在
《进化与健康期刊》(2018 年 5 月第三期，第四篇文章)上的《季节性的消失和植物的过度消耗：
草酸盐的毒性风险》。

粉。也可以选择羽扇豆片，用来做沙拉，或者在煎鱼前用其来包裹鱼身。如果你能将其他谷物类食物从饮食中剔除，就会更健康。

- 多吃些夏威夷果（每天最多 4 盎司，约 48 颗），尝试其他所有的坚果种类，如杏仁、腰果、花生、松子和大多数瓜子，但是要适量。坚果是很难吃过量的，宁愿你吃坚果也不要吃那些加工食品。但是在选择坚果时，首先要选择夏威夷果。

- 食用富含单不饱和脂肪酸的油（比如牛油果、夏威夷果和特级初榨橄榄油），包括沙拉的调味品。

- 尽量跳过早餐，让自己有更多的整夜禁食时间。从 12 小时的禁食开始（也就是从下午 6 点到早上 6 点之间，不摄入卡路里），然后跳过早餐，每周至少三天将自己的禁食时间拉长到 18 小时（也就是从下午 6 点到第二天中午，不摄入卡路里）。

- 通过蛋白质循环激活自噬功能。选择三个不连续的日子（例如，星期一、星期三、星期五），进行低蛋白饮食，从前一晚持续到次日早晨（理想情况下是 18 小时）不再进食，然后一日之内的蛋白质摄入量限制在 25 克以内（相当于中等个头的虾 8 只，4.4 盎司三文鱼，或 3 盎司烤火鸡或鸡胸肉）。在这一周的其余四天里，你可以摄入正常量的蛋白质（大约每磅体重对应的蛋白质量为 0.37 克，因此一个体重 150 磅的人每天可摄入 55 克蛋白质）。

- 学着每月再到每季度的时间里，禁食一天、两天、三天再到五天（怎么选择取决于你的健康状况和体重目标）。很多人信誓旦旦要采取的一种策略，就是进入酮症状态一个月，然后再禁食五天。对于那些苦于体重和被代谢状况困扰的人来说，这种策略可以一举两得。

- 遵循自然规律，选择当季食物。夏季或初秋时，多吃碳水化合物、水果和肉类，这几个月还应该多到户外吸收阳光（补充维生素 D）。冬天的时候允许自己增加一点体重，其间更频繁地禁食或者在这几个月里采取生酮饮食（更多关于酮的内容，请参见下文）。

生活方式

遵守上述一般准则的同时，可选择以下任何一种饮食方式。

- 像冲绳人一样吃。选择一个理想的体重，通过消耗足够卡路里的方式来维持该体重水平，从而降低卡路里的摄入量（目的是在努力达到理想体重的同时，消耗基础代谢率的卡路里）。很多在线网站都可以帮助你进行计算。若你不知道自己一天要消耗多少卡路里，可以记录一天内你所吃的一切，再进行在线累加计算，从而追踪一日卡路里。每周要少吃动物蛋白，多吃植物性食物。减少摄入加工过的肉类（不要吃培根或热狗）。条件可以的话，尽量选择富含脂肪的鱼类，例如三文鱼、比目鱼、沙丁鱼或黑鳕鱼，而不要选择含有 Omega-6 脂肪酸的家禽和家畜。

- 像修道士一样吃。限制你的卡路里摄入，一年中的一半时间进行低糖素食（也就是说一年中有 180 天按照这种方式进行，可以每隔一周，或者最好是每隔一个月进行低糖素食）。另一半的时间里，比起那些限制卡路里摄入的日子，你可以多吃一些动物蛋白（尤其是鱼）和碳水化合物。

- 像洛马林达素食主义者一样吃。限制所有动物蛋白的摄入，但要补充 B 族维生素和额外的植物蛋白，例如组织化植物蛋白。组织化植物蛋白可以代替肉类，在许多天然食品店的散装食品区以及食品杂货店的烘焙区都可以买到。煮熟以后，它的质地与绞肉相似，可以加入汤、炖肉、素食玉米卷、砂锅菜和素食汉堡中。我在做很多菜的时候都会记得添加它。

- 生酮饮食。每三个月或每隔一个月，将你的身体换成以燃烧脂肪为主的模式。减少碳水化合物的摄入，将有助于提高自噬能力，并使禁食变得更加容易，因为你的身体将继续消耗脂肪（是身体本身的脂肪，而非你食用的脂肪），从而防止你在减少碳水化合物摄入时产生饥饿感。保持生酮饮食且开启自噬功能，对你的整个新陈代谢来说是双赢的。

年度规划样板

1 月：自噬月

2 月：自噬月（选项：生酮饮食）

3 月：合成代谢月（关闭自噬）

4 月：自噬月

5 月：自噬月（选项：生酮饮食）

6 月：合成代谢月（关闭自噬）

7 月：自噬月

8 月：自噬月（选项：生酮饮食）

9 月：合成代谢月（关闭自噬），饱餐节日更为灵活

10 月：自噬月

---

11 月：自噬月（选项：生酮饮食）

12 月：合成代谢月（关闭自噬）

　　注意：你可以选择自行规划年度安排。比如订立目标：自噬功能开启八个月，关闭四个月，以重建细胞和组织。在某些自噬月份里，坚持生酮饮食。秋季里拿出一个月的时间，给自己更多饱餐节日，从而为冬天做准备。

购物清单

　　注意：尽量购买有机食品。记住，目标是使每餐都以植物性食物为主。你将不再用沙拉做配菜，不再围绕蛋白质和碳水化合物设计膳食。相反，将植物性食物作为主菜，偶尔可以添加动物蛋白（每周最多 8 盎司）。在你开启自噬的几个月时间里，动物蛋白实际上将成为你每周两餐的"配菜"。（但是，每个月你可以选择一个饱餐节日，在此期间你可以吃任何想吃的东西。即使在自噬的几个月中，放假一天也不会终止该程序。）

- 低糖食物（如：生菜、蘑菇、花椰菜、黄瓜、青豆、抱子甘蓝、甜菜、洋葱、散叶甘蓝、韭菜、大葱、洋蓟、萝卜、芦笋、西葫芦、小青南瓜、黄南瓜、大蒜、姜、西红柿、牛油果、蓝莓、覆盆子、黑莓、羽衣甘蓝、山药、柠檬）
- 草药和香料（如：牛至、欧芹、百里香、薄荷、罗勒、姜黄、肉桂）
- 夏威夷果和夏威夷果黄油
- 增强 DHA 的牧场鸡蛋
- 富含脂肪的冷水野生鱼类（如：三文鱼、比目鱼、沙丁鱼、鲭鱼、凤尾鱼）
- 金枪鱼（竿钓金枪鱼）罐头
- 虾
- 大麻籽
- 亚麻籽

- 奇亚籽
- 羽扇豆片或羽扇豆粉
- 特级初榨橄榄油
- 椰子油或中链甘油三酯
- 牛油果油和蛋黄酱
- 第戎芥末
- 橄榄酱（不加糖）
- 辣酱（不加糖）
- 纯（不加糖）羊奶全脂酸奶
- 小扁豆
- 鹰嘴豆
- 黑豆
- 海盐或喜马拉雅粉红盐
- 香醋
- 黑巧克力（可可含量至少达 70%）
- 甜叶菊或罗汉果获取甜味
- 咖啡、茶

如何进行生酮饮食

最重要的策略是大幅减少碳水化合物的摄入。对于大多数人而言，这意味着要保持净碳水化合物，即可消化的碳水化合物（总碳水化合物减去纤维）的摄入每天低于 50 克，最好是低于 20 克。你可以通过任何食品包装上所列出的成分自行计算；对于没有标签的食品，在线查找即可。现在到处都有数字。碳水化合物越少越好。你将用健康的脂肪和蛋白质来代替碳水化合物的热量，尽管脂肪将占你饮食的大部分。（再次强调，不要吃加工过的诸如培根或香肠等肉类——很多的生酮饮食计划是允许吃这些的，但它们并非健康的营养来源。）请记住，蛋白质会在体内转化为血糖，蛋白质过多会对你不利。你所摄取的碳水化合物应来自地面以上的蔬菜，如生菜、黄瓜、蘑菇、花椰菜、芦笋和卷心菜（不包括土豆、胡萝卜、山药或甘薯）。还应避免食用富含碳水化合物的豆类，如豌豆、扁豆和黄豆。水果含糖量高，难以消耗，不作为生酮饮食（一块甜味水果可以提供 20 克或更多的碳水化合物）。你可以偶尔吃些浆果，但不能吃香蕉、桃子或菠萝。

我使用的是 MyFitnessPal（健身手机应用程序），当然还有许多在线资源和手机应用程序可以帮助你计算碳水化合物，并从一开始就记录蛋白质和脂肪的摄入量，这样你就可以学习如何保持在健康生酮饮食的参数范围内。MyFitnessPal 这款应用程序扫描条形码非常方便，因此你能准确地知道食物中营养成分的数量，并记录你的卡路里摄入量。（你将不再需要购买太多的包装食品，但是如果购买了冷冻或罐装蔬菜，其条形码就会派上用场。）MyFitnessPal 还有自己的网站，便于你清楚自己每一餐的膳食，包括外出就餐。在生酮饮食基础上，要补充维生素 B 和鱼油。

羊产品要多于牛产品

牛奶在很多人的饮食中占主导地位。乳制品在我们的文化中无处不在，从早餐到晚餐，以及各种小吃。我们喝咖啡的时候要加奶，还会吃冰激凌、酸奶和奶酪。然而，相比而言，绵羊奶是更好的选择。

绵羊奶更容易被人体消化系统接受。甚至比山羊奶更容易消化。此外，还有一个好处：绵羊奶不像山羊奶那样气味强烈。作为基因开关膳食方案的一部分，你可以食用绵羊奶以及用绵羊奶制成的奶酪。(绵羊奶实际上是制作奶酪的理想选择，因为其固体含量是牛奶或山羊奶的两倍。) 对于开启自噬功能期间的你来说，亮氨酸含量远低于牛奶的绵羊奶可作为选择，然而对于八个月分解代谢阶段的你来说不宜食用。只有处于合成代谢阶段时，你才应该食用绵羊奶，但除特殊情况（每年仅发生几次）外，应尽量避免食用牛奶和山羊奶。

用健康油进行烹饪

我喜欢用椰子油、牛油果油和特级初榨橄榄油来烹饪。高温时，我会喷洒优质菜籽油来烹饪。我还很喜欢大量使用橄榄油，因为它含有健康的 Omega-3 脂肪酸。我做饭时会首选橄榄油，有时也会将它滴在一些生的或已经备好的食物上。

喝起来

坚持饮用纯净水，每天喝水的盎司数要为体重数值的一半。如果你的体重为 150 磅，则意味着你每天至少要喝 75 盎司水。如果你是咖啡爱好者，我建议你早上喝咖啡，并且不要加糖或牛奶。你也可以选择喝茶。在饱餐节日，像是假期和庆祝活动的特殊场合（大约每月一次），你可以在晚餐时喝一杯酒。如果你在进行生酮饮食，那么请不要饮酒。

零　食

两餐之间，你可能不会觉得饿，但如果饿了，可以吃一把夏威夷果，或者切一些低糖的生蔬菜，如芹菜和萝卜，将它们蘸些橄榄酱、新鲜辣酱、鹰嘴豆泥或者牛油果酱后食用。试着选半个牛油果，上面淋上橄榄油、盐和胡椒粉。或者煮点洋蓟，然后将叶子蘸上牛油果蛋黄酱。

外出就餐

我建议你在改变饮食生活的前几周里不要在外面吃东西。你也知道，因为诱惑太多了。说到底，无论你身在何处，都需要弄清楚如何保持这种良好的生活方式。我知道，精心规划和准备每一顿正餐与每一次的零食，对你来说几乎是不可能的，而且你可能经常会遇到一些诱惑（比如自助餐、小卖部、午餐会、生日聚会或感恩节庆祝活动）。在遵循此膳食方案的情况下，看看你是否可以选择自己最喜欢的餐厅，并进行点餐选择。一旦你习惯了这种饮食方式，就可以回到原来的食谱，对其进行修改，以符合我建议的饮食指南。只要你对自己的选择清晰明了，菜单和食谱的制作就不是什么难事了。如果不知道怎么做，请参考一下我的做法。我常会选择芝麻菜沙拉，搭配牛油果，再淋上油和醋。如果我正在进行生酮饮食，我会在沙拉中加入一些海鲜（非糊状的）。

总　结

我制作了可视化的膳食方案，可以帮助你了解整个方案的要旨。你无须全部照做，但要尽力而为，做到最好。要注意，夏威夷果既是健康脂肪又是蛋白质的来源，这就是我喜爱它们的原因。

基因开关膳食方案（按消耗的卡路里排序）

健康的脂肪：每周 7 天		
（65% ~75% 的卡路里，夏威夷果、牛油果、中链甘油三酯、橄榄油或低芥花籽油）		
低糖蔬菜：每周 7 天		
（10%~25% 的卡路里，抱子甘蓝、花椰菜、菠菜、西蓝花、羽衣甘蓝、黄南瓜、洋葱）		
植物蛋白（大豆除外）：每周 7 天		
（不超过 10% 的卡路里，大麻蛋白、豌豆蛋白、夏威夷果）		
仅素食主义者：每周 3~7 天（上方食物）	**富含脂肪的鱼类：每周 0~3 天**（三文鱼、沙丁鱼、虾）	**乳制品和肉类：每周 0~1 天**（最好是草饲的，适度食用）
甜食、谷物、豆类、淀粉、坚果		
［仅在秋天（8—9 月）或饱餐期间摄入，不超过 25% 的卡路里］		
酒：仅限饱餐节日喝 1~2 杯		
（最好是红酒，但允许喝任何酒；如果进行生酮饮食，则不允许加水果或糖）		
禁食		
（每季度连续 3 天禁食）		

基因开关补充剂

如果你目前正在服用任何处方药，在添加任何补充剂之前，请务必先咨询你的医生。跟你的医生讨论存在的风险与益处，根据你当前的治疗状况，再决定服用哪种补充剂。不要忘记你所服用的非处方药和补充剂。

以下是我列出的四种药物和补充剂，可能要添加到你的治疗方案中。选择它们是因为它们与自噬直接相关。

- 阿司匹林：阿司匹林是一种历史悠久的止痛药，在人体内具有很强的消炎作用。这种"神奇的药物"还可以诱导自噬，因为其活性代谢物水杨酸盐可抑制雷帕霉素机制靶蛋白，这就是它被称为热量限制的模仿物的原因。考虑到你的健康史、年龄和个人风险，你应该跟医生讨论决定是否每天服用低剂量（81毫克）的婴儿用阿司匹林。阿司匹林可促进自发性出血，并防止内凝血功能紊乱。不建议所有人服用。

- 维生素 D：维生素 D 其实是一个误称，因为它原本是一种脂溶性类固醇激素，我们自身也会产生这种激素。在阳光中的紫外线照射下，身体会自然地从皮肤胆固醇中产生维生素 D。尽管大多数人认为维生素 D 与骨骼健康和钙质水平有关，因此将其添加到强化食品与饮料中，但它对人体的影响深远，并能刺激自噬功能。实际上，自噬是维生素 D 促进健康的基础，人体需要维生素 D 来完成自噬的任务（也许这就是人全身都有维生素 D 受体的原因）。缺乏维生素 D 会增加各种健康风险，从骨头脆弱柔软，到极端的骨质疏松症、佝偻病，再到糖尿病、抑郁症、阿尔茨海默病和心血管疾病。我们很多人都缺乏这种维生素，因为我们或许会由于地理位置等，一年中的大部分时间都难以得到充足的阳光照射。现如今已不再建议检测维生素 D 水平，因为检测结果的意义受到质疑。要想提高维生素 D 的水平，每天补充 2 000 国际单位没有什么坏处。即使你接受大量的阳光直接照射，维生素 D 也不会过量。

- 鱼油（DHA 和 EPA）：这些富含 Omega-3 脂肪酸的明星产品经常一起出现。如果你是素食主义者，可以购买海藻提取的鱼油，鱼油之所以含有大量的 Omega-3 脂肪酸，是因为鱼类的主要食物来源是藻类。

- 葡萄糖胺：该补充剂通常用于帮助关节疾病（如骨关节炎）的修复，它是一种强效的自噬诱导剂，独立于雷帕霉素机制靶蛋白途径（这意味着它与其他抑制雷帕霉素机制靶蛋白的方法分开运行，可以在分解代谢期结合服用，以增强刺激自噬功能）。

下面列出了一些其他的诱导自噬的保健营养品，你可以考虑仅在分解代谢期服用。请遵循包装上推荐剂量进行服用。

- 黄芪。
- 南非醉茄，南非醉茄叶的一种液体提取物。
- 咖啡因，作为咖啡的补充服用，但不至于影响睡眠。

- 鼠尾草酸和鼠尾草酚（迷迭香中的多酚）。

- 姜黄或姜黄素。

- 表没食子儿茶素没食子酸酯（绿茶的主要成分）。

- 漆黄素，一种天然存在的黄酮类化合物，存在于多种水果和蔬菜中。

- 切成薄片或磨碎的姜根（非糖渍）。

- 吲哚 –3– 甲醇，从十字花科蔬菜，如西蓝花、卷心菜、花椰菜、抱子甘蓝、羽衣甘蓝和散叶甘蓝中提取。

- 褪黑素，一种由人体自然产生的激素，也是一种可以买到的补充剂。

- 烟酸（又称尼克酸），一种维生素 B_3。

- 紫檀芪，与白藜芦醇有关，但比白藜芦醇更强效。

- 碧萝芷（又名法国海洋松树皮提取物），是一种标准的树皮提取物。

- 槲皮素，一种多酚类黄酮类植物黄酮醇，存在于许多水果、蔬菜、树叶、谷物、红洋葱和羽衣甘蓝中。

- 白藜芦醇，一种芪类化合物，是各种植物受到损伤，或受到细菌或真菌等病原体侵袭时产生的一种天然酚类物质。

诱导自噬的药物包括以下几种。

- 二甲双胍：一种干扰线粒体电子传输链以减少细胞能量的药物，通过抑制雷帕霉素机制靶蛋白的方式发出腺苷酸活化蛋白激酶信号（请参阅第三章），从而抑制细胞分裂和蛋白质产生。仅在医生指导下，并且只在分解代谢期间才可服用。

- 雷帕霉素：该药物源自我们在本书前文中讨论的细菌，雷帕霉素促进了雷帕霉素机制靶蛋白的发现。在某些类型的移植后，雷帕霉素被用来抑制免疫系统。这会强烈抑制雷帕霉素机制靶蛋白，因此仅在医生的指导下，以及分解代谢期间才可服用。

运动增强自噬功能

虽然很多人缺乏足够的运动，但是我们都知道运动对身体有好处。然而，运动之所以有益，主要原因是它能诱发自噬吗？运动是我们的肌肉组织和大脑中自噬的一种已知刺激方式。在得克萨斯大学西南医学中心 2012 年的一项特别具有启发性的研究中，研究人员对小鼠进行设计，使其具有发光的绿色自噬体，这种自噬体是在人体决定回收的细胞碎片周围形成的结构。[1] 小鼠在跑步机上跑了 30 分钟后，其细胞健康分解速度急剧增加。跑步 30 分钟可使自噬增加 40%~50%。速度还会持续增加，跑到 80 分钟的时候，自噬已提高到 100%（不要惊慌：你不必每天锻炼 80 分钟）。这项研究发表在著名的《自然》杂志上，由贝丝·莱文牵头，她在自噬研究方面已经颇负盛名。1999 年，莱文发现了第一个哺乳动物自噬基因，并发现了该基因的缺陷与乳腺癌之间的联系。[2] 她还通过研究蠕虫中的线虫证明了自噬在延长寿命中的作用。[3]

直到莱文的论文在《自然》杂志发表前，诱发小鼠自噬功能的最佳方法是让其挨饿 48 小时。对身体而言，运动不仅是另一种形式的刺激自噬的压力，而且比饥饿效果更快。莱文的研究真正有趣的地方在于，她和她的同事给小鼠喂食的是高脂饮食，从而使小鼠产生肥胖相关的糖尿病，然后让小鼠在跑步机上进行为期 8 周的日常跑步训练。（要清楚的是：小鼠的高脂饮食绝不是生酮饮食，其碳水化合物足以让小鼠体内只燃烧葡萄糖，并将摄入的其他额外脂肪全部储存起来。）结果是什么呢？与不能通过运动诱导更高水平自噬的突变小鼠相比，正常小鼠实现了糖尿病的逆转。莱文的研究结果如此有说服力，以至于她有了购买跑步机的冲动。

关于人类的研究仍在进行中，我们尚不知道诱发自噬功能的理想运动水平或类型。但我认为，可以肯定的是，坚持定期运动对身体健康至关重要。我知道我不是第一个这样告诉你的人。运动对身体有协同作用，它通过平衡人体的血糖水平，降低炎症水平并燃烧能量，使身体的脂肪转为燃料，从而为增强自噬功能奠定基础。不同于健康界的许多其他说法，运动不是"庸医"。

如果你没有进行过有氧运动，那么每天要拿出至少 20 分钟来做有氧运动。这样可以使你的心率至少达到静息基线的 50%。不要害怕出汗。出汗意味着你的肺部和心脏更加努力地工作。如果一直以来你都是以久坐的生活方式为主的，那么每天只需步行 20 分钟，在适应以后，每天再增加一些时间。你可以通过增加速度和提升坡度来增加步行强度。或每只手负重 5 磅，边走边做一些肱二头肌弯曲动作。

如果你一直在坚持自己的健身方案，那就增加运动时间，每周至少运动 5 天，每天至少运动 30 分钟。如果你没有运动的动力，可以约一位朋友一起运动，或者试着参加集体健身课程。你不一定非要加入传统的健身房。如今，运动的机会无处不在，而且不必花很多钱。你甚至可以在舒适的家中一边播放视频一边运动。

理想情况下，全面运动应包括均衡的心血管锻炼、力量训练和伸展运动。但是，如果你是从零开始，就要先建立一个有氧运动的基础，然后循序渐进，再增加力量训练和伸展运动。一旦开始了规律的锻炼，你就可以围绕不同类型的锻炼来安排你的日常行程。像生活中的其他规划一样，提前计划好你的运动时间。如果你知道自己一周的工作很忙，难以抽出时间来进行正式的运动，那就思考一下一天之内有什么方式可以进行更多的体力活动。所有的研究都表明，进行三次 10 分钟的运动与做一次 30 分钟的运动，为你的健康带来的好处是一样的。另外，还要想办法把身体运动与其他日常活动结合起来，比如，一边开会一边进行户外散步，一边看电视一边做伸展运动。尽量减少坐的时间，这是最新的运动研究带给我们的重要启示。"久坐病"不是开玩笑的。

注意睡眠，减少压力

关于睡眠的话题，我不打算赘述太多，因为这个话题已是老生常谈。但是，随着有关睡眠对我们身体上、精神上以及情感上深刻影响的研究爆炸式增长，睡眠终于在医学界引起了关注。我们需要睡眠才能生存，甚至需要睡眠来支持自噬功能。睡眠不足会损害我们的新陈代谢，反过来还会影响我们的自噬能力。研究表明，睡眠不足，尤其是进行碎片化的睡眠，这些不能让人感到宁静的睡眠方式，都会抑制自噬的开启。[4] 实际上，睡眠期间自噬能够发生。但是，如果我们经常缺乏有规律的睡眠，那么我们的昼夜节律就会失调。昼夜节律就是我们身体对白天和夜晚的时间感，它调节着重要的生物学功能和激素。最重要的一点就是，我们的昼夜节律不仅有助于控制睡眠周期，还与自噬有关。我们的生物钟会影响自噬的节奏。因此，适量的睡眠有助于自噬，能够确保在适当的时候启动自噬。2016 年，科学家发现，对小鼠来说，睡眠中断会对其自噬产生负面影响。

1/3 的美国成年人每天的睡眠时间少于建议睡眠时间的 7 个小时。你甚至可能都不知道自己的睡眠质量较差。⁵ 如果你发现尽管自己睡眠充足，但白天仍然感到疲倦，尤其是男性，还有超重、高血压或者被告知睡觉会打鼾时，在使用助眠物之前，请先与你的医生谈谈睡眠问题。医生可以帮你排除影响睡眠的一些情况。例如，睡眠呼吸暂停是一种常见但可治疗的疾病，这种疾病的特点就是夜间呼吸暂停会打破你的睡眠周期。

为了确保你尽一切所能，最大限度地保证高质量的、宁静的睡眠，以下是一些建议。

- 保持自己的睡眠时钟。睡眠医学专家喜欢称之为"睡眠卫生"，通过这种方式，我们每晚都能获得神清气爽的睡眠。最大规则之一就是保持每周 7 天，一年 365 天在同一时间睡觉和起床。
- 保持睡眠作息一致。发出睡眠时间信号。至少提前一个小时让自己放松下来，然后做做放松运动。
- 避免使用发出刺激性蓝光的电子设备和屏幕（或选择使用有助于遮

挡这种蓝光的眼镜）。洗个热水澡，喝点花草茶，看看书。创造一个洁净的睡眠空间。尽量使你的卧室保持宁静、平和，没有干扰性的硬件（电视、电脑、电话等），不堆杂物。投资购买一张舒适的床和长绒床单。房间保持昏暗的灯光。

一般来说，压力对我们身体的伤害也非常大。除了可以享受宁静的睡眠外，这一切将有助于减轻压力，帮助你更好地解决生活中的困难，还可以找到控制压力的方法。方法有很多，可以与朋友一起规划美好时光，可以做一些恢复性瑜伽，还可以写写感恩日记。减压活动有很多，你只需要找到适合自己的方法，多多尝试。每天你都会做出许许多多个决定，其中有很多是下意识完成的，源于根深蒂固的生活习惯。当你过渡到这种新的生活方式时，要对自己有耐心。本书的全部意义在于启发你做出更好的决策，最终使你能够长寿且充满活力。本书的价值在于，给我们身边的人以及世界各地的人提供有益的指导，并感受到健康给我们带来的好处。

结　语
对生命的健康之爱

来自超百岁老人的健康贴士：

要长寿，思维和身体都要保持活跃。

清晨散步，吃点儿巧克力。

吃些生鸡蛋，保持独处，减少家庭琐事的烦忧。

诵读莎士比亚的作品。

下午时光，做一做《伦敦时报》上的填字游戏。

日常做一做健美操，抽点儿雪茄。每周吃两磅巧克力。

每天喝一杯威士忌。

多和朋友相处，多喝好水，保持乐观，多唱唱歌。

以上秘诀来自我在环游世界进行血液样本采集时遇见的一些超百岁老人。

显然，他们中很多人的生活准则，与我们所认为的健康长寿的生活准则背道而驰。但是他们有着一个共同点，我们应当留意，那就是他们的生活极为充实，却不行任何极端之事。毋庸置疑，这些人在基因上必然有其优势（我们也已经有所证明），但无论人类在地球上生存多久，这些超百岁长寿人群都能够为我们提供衰老方面的一些新见解。打个比方，你或许有着凯迪拉克汽车一般的高级基因，然而如果你不注意保养自身和及时更换"机油"，那么运行起来可能还没有那些有着雪佛兰汽车基因的人持久（或者说外观上或感觉上没有那般好）。

我不反感死亡。我想说的是，我对生命有一种健康的热爱。我深信，长寿能够激发人类更多的人性化特质，这也是人类世界空前需要的。我们的非营利性研究组织"更好人类"，致力于发掘人类更为健康长寿甚至长生不老的秘诀。托马斯·佩尔斯博士是波士顿大学的一名老年医学专家，也是新英格兰百岁老人研究的创始人兼主任。我认为，他于1999年发表在《柳叶刀》的一篇论文里，对现实情况做了完美的阐述："人类并非'年纪越大越体弱多病'，而是'年纪越大越健康'。"这就是现在人类应有的态度。

人类的身体是自然选择和进化过程中一种精彩不凡的产物。但对于21世纪的人类来说，进化作用这个过程实在太过缓慢。我的研究目标是，在迄今为止自然界赋予我们的能力之外，帮助人类拓展更多能力。如果我们能够终结人类的疾病，提高人类的认知能力和幸福感，还能改善对人类很重要的生物学特征，岂不妙哉？

从我开始撰写本书，到现在你读到本书的时间里，许许多多的研究成果已发表，揭示着人类对健康和疾病的新见解。有关衰老的理论层出不穷，其中一些理论可能会改变我们对医学某个领域的认识。尽管试图推翻教条主义很艰难，但科学的精彩之处就在于不断致力于追求真理。当新的真相或新的发现迫使我们去观察、去倾听时，我们就会这样做。不可否认的是，在未来我们将拥有比如今的基本生活工具更多的工具，用以实现疾病预防和延年益寿。比如，各种有关用抗衰老药物和干细胞技术来进行治疗的研究如今正处于快速发展中。20 年前，我们对人类微生物群一无所知，微生物生存在我们的体内和体表，对我们的健康大有裨益。从现在起的 20 年后，可能又会出现一个从未有过的新的医学领域。这些都是激动人心的时刻。人类的发展速度是前所未有的。

人类对于自噬的科学研究可能才刚刚起步，但是这个过程已经存在了数十亿年，甚至早于人类的出现。本书提及的人群和动物都证明了自噬的科学性。未来的研究将进一步阐明这个重要的课题，即自噬在医学的每个领域都发挥着重要的作用。自噬一视同仁。无论我们是谁，生来有何种基因，我们每个人的身体中都有自噬这个重要的过程。它就在你的体内，随时可以被激活。但是，自噬可以分辨出想要开启它的身体和想要关闭它的身体之间的区别。本书中你学到的策略可以为你所用，你要做的就是愿意在生活中实施这些策略。我敦促你这样做。也请随时关注我的工作，网址是 https://betterhumans.org。在我的超百岁老人研究链接里，你可以看到我曾有幸遇见的许多不可思议的人（我采集了他们的血液），我从他们身上寻找不老源泉的秘诀。他们最大的贡献应该就是，我们从他们身上学到的东西令全人类都受益。

那么这些秘诀里的最佳秘诀是什么呢？已故的克拉伦斯·马修斯曾传授过该秘诀，在他110岁诞辰过后不久，我见到了他。这条永远经得起时间考验的秘诀就是：保持呼吸。

致　谢

本书的成书过程很长，许多聪慧热情的朋友都对本书的创作做出了自己的贡献。首先，我要感谢保罗·卡彭特的鼓励和支持，感谢他倾情提供了他的湖畔小屋，让我用 12 个月的时间来专心研究和撰写本书。感谢我的朋友和同事帕里贾塔·麦基，是她鼓励我摈弃教条，对细胞生物学和医学中的一切提出质疑。

写过书的人都知道，从最初的构思到成书，再到把书送到能够从中受益的读者手中，这一过程漫长而艰辛。20 多年前，冥冥之中，克里斯廷·洛伯格与我多次命运般地相遇，当时我在纽约州的伊萨卡经营着一家颇受欢迎的酿酒厂，而她是康奈尔大学的一名医学预科生。

对于本书，我们花了很多时间进行探讨，我们都放弃了曾经的追求，并离开了伊萨卡。数年以后，关于本书的一切才筹划好，我们为其列出了扎实可靠的撰写计划，最终完成了手稿。感谢你的通力合作，感谢你将我介绍给邦妮·索洛，也就是我优秀的经纪人，她的耐心、优雅、禀赋和出版方面的智慧使我顺利完成一切。如若没有你的创意和编辑方面的才智，没有你的领导才能，本书将不会面世。

感谢我的编辑热雷米·鲁比－斯特劳斯和他贴心周到的助手布丽塔·伦德伯格。从我们谈论本书的第一天起，你就难掩激动的心情，我知道你是最合适的人选，在此向你表示感谢。与你合作，我倍感荣幸。感谢西蒙与舒斯特出版团队的其他成员：卡罗琳·里迪、乔恩·卡普、珍·伯格斯特龙、艾梅·贝尔、詹龙、伊丽莎·汉森、萨莉·马文、阿比·兹伊德、安妮·亚科尼特、阿纳布尔·希门尼斯、莉萨·利特瓦克、约翰·瓦伊罗、达维娜·莫克、卡罗琳·帕洛塔、阿莉森·格林、克里斯蒂娜·马斯特斯以及凯特琳·斯诺登。还要感谢西莱斯特·菲利普斯，他让我知道我需要在哪些地方放低语气，以免有人找麻烦。

最后，要特别感谢我的导师和挚友乔治·丘奇与戴维·辛克莱这两位哈佛医学院遗传学的巨擘，感谢他们说服我撰写本书，以便与人分享我的所学所识。

现在，让我们告诉自己的朋友、家人和医护工作者，我们可以健康地老去，长命百岁也可以实现！

注　释

　　以下是部分科学论文和其他的参考文献，对你理解本书中的一些观点与概念可能有所帮助。本书引用了我在下面提到的一些具体研究。如果可能，我会引用我所读过的每篇有关自噬和延长寿命的论文，但这是不可能的，因为这样就会涉及成千上万种条目。至少，以下的注释可以为进一步研究和探索打开大门。

引　言

1. GBD 2017 Diet Collaborators，"Health Effects of Dietary Risks in 195 Countries，1990–2017：A Systematic Analysis for the Global Burden of Disease Study 2017," *The Lancet* 393, no. 10184（April 3, 2019）: 1958–72.
2. Joana Araújo, Jianwen Cai, and June Stevens, "Prevalence of Optimal Metabolic Health in American Adults：National Health and Nutrition Examination Survey 2009–2016," *Metabolic Syndrome and Related Disorders* 17, no. 1（February 2019）: 46–52.

3. J. Graham Ruby, Kevin M. Wright, Kristin A. Rand, et al., "Estimates of the Heritability of Human Longevity Are Substantially Inflated Due to Assortative Mating," *Genetics* 210, no. 1 (November, 2018): 1109–24.

第一章　复活节岛和移植病人

1. Shelley X. Cao, Joseph M. Dhahbi, Patricia L. Mote, and Stephen R. Spindler, "Genomic Profiling of Short-and Long-Term Caloric Restriction Effects in the Liver of Aging Mice," *Proceedings of the National Academy of Sciences of the United States of America* 98, no. 19 (2001). You can access all of Spindler's research on his lab's website at https://biochemistry.ucr.edu/faculty/spindler/spindler_research_group.html.

2. For an overview of the story of rapamycin's discovery, see V. Koneti Rao, "Serendipity in Splendid Isolation : Rapamycin," *Blood* 127 (January 7, 2016): 5–6.

3. David M. Sabatini, Hediye Erdjument-Bromage, Mary Lui, et al., "RAFT1 : A Mammalian Protein That Binds to FKBP12 in a Rapamycin-Dependent Fashion and Is Homologous to Yeast TORs," *Cell* 78, no. 1 (July 15, 1994): 35–43.

4. Anne N. Conner, "Could Rapamycin Help Humans Live Longer?," *The Scientist*, March 1, 2018.

5. Nicholas C. Barbet, Ulrich F. Schneider, Stephen B. Halliwell, et al., "TOR Controls Translation Initiation and Early G1 Progression in Yeast," *Molecular Biology of the Cell* 7, no. 1 (January 2017): 25–42.

6. For a review, see Charlotte Harrison, "Secrets of a Long Life," *Nature Reviews Drug Discovery* 8 (September 2009): 698–99.

7. David E. Harrison, Randy Strong, Zelton Dave Sharp, et al., "Rapamycin Fed Late in Life Extends Lifespan in Genetically Heterogeneous Mice," *Nature* 460, no. 7253 (July 16, 2009): 392–95.

8. Lan Ye, Anne L. Widlund, Carrie A. Sims, et al., "Rapamycin Doses Sufficient to Extend Lifespan Do Not Compromise Muscle Mitochondrial

Content or Endurance," *Aging* 5, no. 7（July 2013）: 539–50.

9. John E. Wilkinson, Lisa Burmeister, Susan V. Brooks, et al., "Rapamycin Slows Aging in Mice," *Aging Cell* 11, no. 4（August 2012）: 675–82.

10. Chong Chen, Yu Liu, Yang Liu, and Pan Zheng, "mTOR Regulation and Therapeutic Rejuvenation of Aging Hematopoietic Stem Cells," *Science Signaling* 2, no. 98（November 24, 2009）: ra75.

11. Richard A. Miller, David E. Harrison, Clinton M. Astle, et al., "Rapamycin-Mediated Lifespan Increase in Mice Is Dose and Sex Dependent and Metabolically Distinct from Dietary Restriction," *Aging Cell* 13, no. 3（June 2014）: 468–77.

12. For a review of some of these dog studies, see Neil Savage, "New Tricks from Old Dogs Join the Fight Against Ageing," *Nature* 552（December 13, 2017）: S57–S59.

13. Learn more about the Dog Aging Project at https://www .dogagingproject.org.

14. Mikhail V. Blagosklonny, "Aging and Immortality: Quasi-programmed Senescence and its Pharmacologic Inhibition," *Cell Cycle* 5, no. 18（September 5, 2006）: 2087–102.

第二章 垃圾车和回收厂

1. Vivien Marx, "Autophagy: Eat Thyself, Sustain Thyself," Nature Methods 12, no. 12（December 2015）: 1121–25.

2. For a great review of autophagy, see Susana Castro-Obregon, "The Discovery of Lysosomes and Autophagy," *Nature Education* 3, no. 9（2010）: 49.

3. Xiao Huan Liang, Saadiya Jackson, Matthew Seaman, et al., "Induction of Autophagy and Inhibition of Tumorigenesis by Beclin 1," *Nature* 402, no. 6762（December 9, 1999）: 672–76.

4. Robin Mathew, Vassiliki Karantza-Wadsworth, and Eileen White, "Role of Autophagy in Cancer," *Nature Reviews Cancer* 7, no. 12（December 2007）: 961–67.

第三章　侏儒和突变体

1. J. Graham Ruby, Kevin M. Wright, Kristin A. Rand, et al., "Estimates of the Heritability of Human Longevity Are Substantially Inflated Due to Assortative Mating," *Genetics* 210, no. 3（November 2018）: 1109–24.

2. Z. Laron, A. Pertzelan, and S. Mannheimer, "Genetic Pituitary Dwarfism with High Serum Concentration of Growth Hormone—A New Inborn Error of Metabolism?," *Israel Journal of Medical Sciences* 2, no. 2（March–April 1966）: 152–55. See also Zvi Laron, "Lessons from 50 Years of Study of Laron Syndrome," *Endocrine Practice* 21, no. 12（December 2015）: 1395–402.

3. Fernanda T. Gonçalves, Cintia Fridman, Emilia M. Pinto, et al., "The E180splice Mutation in the *GHR* Gene Causing Laron Syndrome : Witness of a Sephardic Jewish Exodus from the Iberian Peninsula to the New World?," *American Journal of Medical Genetics Part A* 164A, no. 5（May 2014）: 1204–08.

4. Jaime Guevara-Aguirre, Priya Balasubramanian, Marco Guevara-Aguirre, et al., "Growth Hormone Receptor Deficiency Is Associated with a Major Reduction in Pro-Aging Signaling, Cancer, and Diabetes in Humans," *Science Translational Medicine* 16, no. 3（February 16, 2011）: 70ra13.

5. O. Shevah and Z. Laron, "Patients with Congenital Deficiency of IGF-I Seem Protected from the Development of Malignancies : A Preliminary Report," *Growth Hormone & IGF Research* 17, no. 1（February 2007）: 54–57.

6. Kevin Flurkey, John Papacostantinou, Richard A. Miller, and David E. Harrison, "Lifespan Extension and Delayed Immune and Collagen Aging in Mutant Mice with Defects in Growth Hormone Production," *Proceedings of the National Academy of Sciences of the United States of America* 98, no. 12（June 5, 2001）: 6736–41.

7. Julie A. Mattison, Caradee Yael Wright, Roderick Terry Bronson, et al., "Studies of Aging in Ames Dwarf Mice : Effects of Caloric Restriction,"

Journal of the American Aging Association 23, no. 1（January 2000）: 9–16. See also Andrzej Bartke and Reyhan Westbrook, "Metabolic Characteristics of Long-Lived Mice," *Frontiers in Genetics* 3（December 13, 2012）: 288.

8. Adam Gesing, Denise Wiesenborn, Andrew Do, et al., "A Long-Lived Mouse Lacking Both Growth Hormone and Growth Hormone Receptor : A New Animal Model for Aging Studies," T*he Journals of Gerontology*, *Series A* 72, no. 8（August 2017）: 1054–61.

9. Gráinne S. Gorman, Patrick F. Chinnery, Salvatore DiMauro, et al., "Mitochondrial Diseases," *Nature Reviews Disease Primers* 2, article no. 16081（October 20, 2016）.

10. Alessandro Bitto, Chad Lerner, Claudio Torres, et al., "Long-Term IGF-1 Exposure Decreases Autophagy and Cell Viability," *PLoS ONE* 5, no. 9（September 2010）: e12592.

第四章　冲绳人、修道士和基督复临安息日会信徒

1. Donald Craig Willcox, Bradley J. Willcox, Hidemi Todoriki, and Makoto Suzuki, "The Okinawan Diet : Health Implications of a Low-Calorie, Nutrient-Dense, Antioxidant-Rich Dietary Pattern Low in Glycemic Load," *Journal of the American College of Clinical Nutrition* 28（suppl.）（August 2009）: 500S–516S.

2. For more about the Okinawa Centenarian Study, see the Okinawa Research Center for Longevity Science, http://www.orcls.org.

3. C. M. McKay, Mary F. Crowell, and L. A. Maynard, "The Effect of Retarded Growth upon the Length of Life Span and upon the Ultimate Body Size : One Figure," *The Journal of Nutrition* 10, no. 1（July 1935）: 63–79.

4. Richard Weindruch, Roy L. Walford, Suzanne Fligiel, and Donald Guthrie, "The Retardation of Aging in Mice by Dietary Restriction : Longevity, Cancer, Immunity, and Lifetime Energy Intake," *The Journal of Nutrition* 116, no. 4（April 1986）: 641–54.

5. Julie A. Mattison, Ricki J. Colman, T. Mark Beasley, et al., "Caloric

Restriction Improves Health and Survival of Rhesus Monkeys," *Nature Communications* 8, article no. 14063（January 17, 2017）. See also Richard Conniff, "The Hunger Gains : Extreme Calorie-Restriction Diet Shows Anti-Aging Results," *Scientific American*, February 16, 2017, https://www. scientific american.com/article/the-hunger-gains-extreme-calorie -restriction-diet-shows-anti-aging-results/.

6. Min Wei, Sebastian Brandhorst, Mahshid Shelehchi, et al., "Fasting-mimicking Diet and Markers/Risk Factors for Aging, Diabetes, Cancer, and Cardiovascular Disease," *Science Translational Medicine* 9, no. 377（February 15, 2017）: 9.

7. See Calerie, https://calerie.duke.edu.

8. Emilie Leclerc, Allison Paulino Trevizol, Ruth B. Grigolon, et al., "The Effect of Caloric Restriction on Working Memory in Healthy Non-obese Adults," *CNS Spectrums* 10（April 2017）: 1–7.

9. James Rochon, Connie W. Bales, Eric Ravussin, et al., "Design and Conduct of the CALERIE Study : Comprehensive Assessment of the Long-Term Effects of Reducing Intake of Energy," *The Journals of Gerontology*, Series A 66（January 2011）: 97–108. See also Robert Roy Britt, "Live Longer : The One Anti-Aging Trick That Works," Live Science, July 8, 2008, https://www. livescience.com/2666-live-longer-anti-aging-trick-works.html.

10. Edward P. Weiss, Dennis T. Villareal, Susan B. Racette, et al., "Caloric Restriction but Not Exercise-Induced Reductions in Fat Mass Decrease Plasma Triiodothyronine Concentrations : A Randomized Controlled Trial," *Rejuvenation Research* 11, no. 3（June 2011）: 605–09.

11. Edward P. Weiss, Stewart G. Albert, Dominic N. Reeds, et al., "Calorie Restriction and Matched Weight Loss from Exercise : Independent and Additive Effects on Glucoregulation and the Incretin System in Overweight Women and Men," *Diabetes Care* 38, no. 7（July 2015）: 1253–62.

12. Ana M. Andrade, Geoffrey W. Greene, and Kathleen J. Melanson, "Eating Slowly Led to Decreases in Energy Intake Within Meals in Healthy Women," *Journal of*

the American Dietetic Association 108, no. 7（July 2008）: 1186–91.

13. Kaito Iwayama, Reiko Kurihara, Yoshiharu Nabekura, et al., "Exercise Increases 24-H Fat Oxidation Only When It Is Performed Before Breakfast," *EBioMedicine* 2, no. 12（December 2012）: 2003–09.

14. James D. LeCheminant, Ed Christenson, Bruce W. Bailey, and Larry A. Tucker, "Restricting Night-time Eating Reduces Daily Energy Intake in Healthy Young Men : A Short-Term Cross-over Study," *British Journal of Nutrition* 110, no. 11（December 14, 2013）: 2108–13.

15. Eric Robinson, Paul Aveyard, Amanda Daley, et al., "Eating Attentively : A Systematic Review and Meta-analysis of the Effect of Food Intake Memory and Awareness on Eating," *The American Journal of Clinical Nutrition* 97, no. 4（April 2013）: 728–42.

16. Katerina O. Sarri, Nikolaos E. Tzanakis, Manolis K. Linardakis, et al., "Effects of Greek Orthodox Christian Church Fasting on Serum Lipids and Obesity," *BMC Public Health* 3（May 16, 2003）: 16.

17. Valter D. Longo and Mark P. Mattson, "Fasting : Molecular Mechanisms and Clinical Applications," *Cell Metabolism* 19, no. 2（February 4, 2014）: 181–92.

18. See Mark Mattson, "STEM-Talk Episode 7 : Mark Mattson Talks About Benefits of Intermittent Fasting," Florida Institute for Human & Machine Cognition, April 12, 2016, https://www.ihmc.us/stemtalk/episode007/.

19. For Dr. Mattson's library of work, see his academic site at http://neuroscience. jhu.edu/research/faculty/57.

20. Stephen D. Anton, Keelin Moehl, William T. Donahoo, et al., "Flipping the Metabolic Switch : Understanding and Applying the Health Benefits of Fasting," *Obesity* 26, no. 2（February 2016）: 254–68.

21. Kelsey Gabel, Kristin K. Hoddy, Nicole Haggerty, et al., "Effects of 8-Hour Time Restricted Feeding on Body Weight and Metabolic Disease Risk Factors in Obese Adults : A Pilot Study," *Nutrition and Healthy Aging*, 4, no. 4（June 15, 2018）: 345–53.

22. Humaira Jamshed, Robbie A. Beyl, Deborah L. Della Manna, et al., "Early Time-Restricted Feeding Improves 24-Hour Glucose Levels and Affects Markers of the Circadian Clock, Aging, and Autophagy in Humans," *Nutrients* 11, no. 6 (June 2019) : 1234.

23. For a general review, see Ioannis Delimaris, "Adverse Effects Associated with Protein Intake Above the Recommended Dietary Allowance for Adults," *ISRN Nutrition* (July 2013), article ID 126929.

24. Zeneng Wang, Nathalie Bergeron, Bruce S. Levison, et al., "Impact of Chronic Dietary Red Meat, White Meat, or Non-meat Protein on Trimethylamine N-Oxide Metabolism and Renal Excretion in Healthy Men and Women," *European Heart Journal* 40, no. 7 (February 14, 2019) : 583–94.

25. Morgan E. Levine, Jorge A. Suarez, Sebastian Brandhorst, et al., "Low Protein Intake Is Associated with a Major Reduction in IGF-1, Cancer, and Overall Mortality in the 65 and Younger but Not Older Population," *Cell Metabolism* 19, no. 3 (March 4, 2014) : 407–17.

26. Renata Micha, Jose E. Peñalvo, Frederick Cudhea, et al., "Association Between Dietary Factors and Mortality from Heart Disease, Stroke, and Type 2 Diabetes in the United States," *The Journal of the American Medical Association* 317, no. 9 (March 7, 2017) : 912–24.

27. Yan Zheng, Yanping Li, Ambika Satija, et al., "Association of Changes in Red Meat Consumption with Total and Cause Specific Mortality Among US Women and Men : Two Prospective Cohort Studies," *The British Medical Journal* 365 (June 12, 2019), I2110. See also An Pan, Qi Sun, Adam M. Bernstein, et al., "Red Meat Consumption and Mortality : Results from 2 Prospective Cohort Studies," *Archives of Internal Medicine* 172, no. 7 (April 9, 2012) : 555–63.

28. Heli E. K. Virtanen, Timo T. Koskinen, Sari Voutilainen, et al., "Intake of Different Dietary Proteins and Risk of Type 2 Diabetes in Men : The Kuopio Ischaemic Heart Disease Risk Factor Study," *British Journal of Nutrition* 117, no. 6 (March 2017) : 882–93.

29. Alicja Wolk, Christos S. Mantzoros, Swen-Olof Andersson, et al., "Insulin-like Growth Factor 1 and Prostate Cancer Risk : A Population-Based, Case-Control Study," *Journal of the National Cancer Institute* 90, no. 12（June 17, 1998）: 911–15.

30. Simon Brooke-Taylor, Karen Dwyer, Keith Woodford, and Natalya Kost, "Systematic Review of the Gastrointestinal Effects of A1 Compared with A2 β -Casein," *Advances in Nutrition* 8, no. 5（September 15, 2017）: 739–48.

31. Yasuhiro Saito, Lewyn Li, Etienne Coyaud, et al., "LLGL2 Rescues Nutrient Stress by Promoting Leucine Uptake in ER+ Breast Cancer," *Nature* 569, no. 7775（May 2019）: 275–79.

第五章　癫痫儿童和世界一流自行车运动员

1. Emory University Health Sciences Center, "Ketogenic Diet Prevents Seizures by Enhancing Brain Energy Production, Increasing Neuron Stability," ScienceDaily, November 15, 2005, www.sciencedaily.com/releases/2005/11/051114220938.htm.

2. Abbi R. Hernandez, Caesar M. Hernandez, Haila Campos, et al., "A Ketogenic Diet Improves Cognition and Has Biochemical Effects in Prefrontal Cortex That Are Dissociable from Hippocampus," *Frontiers in Aging Neuroscience* 10（December 3, 2018）: 391.

3. S. D. Phinney, B. R. Bistrian, W. J. Evans, et al., "The Human Metabolic Response to Chronic Ketosis without Caloric Restriction : Preservation of Submaximal Exercise Capability with Reduced Carbohydrate Oxidation," *Metabolism* 32, no. 8（August 1983）: 769–76.

4. Brent C. Creighton, Parker Neil Hyde, Carl M. Maresh, et al., "Paradox of Hypercholesterolaemia in Highly Trained, Keto-Adapted Athletes," *BMJ Open Sport & Exercise Medicine* 4, no. 1（October 2018）.

5. Eric C. Westman, Justin Tondt, Emily Maguire, and William S. Yancy, Jr., "Implementing a Low-Carbohydrate, Ketogenic Diet to Manage Type 2 Diabetes Mellitus," *Expert Review of Endocrinology & Metabolism* 13,

no. 5（September 2018）：263–72. See also L. R. Saslow, S. Kim, J. J. Daubenmier, et al., "A Randomized Pilot Trial of a Moderate Carbohydrate Diet Compared to a Very Low Carbohydrate Diet in Overweight or Obese Individuals with Type 2 Diabetes Mellitus or Prediabetes," *PLoS ONE* 9, no. 4（April 2014）：e91027.

6. Gary Taubes, *Why We Get Fat：And What to Do About It*（New York：Knopf, 2010）, 178.

7. Mahshid Dehghan, Andrew Mente, Xiaohe Zhang, et al., "Associations of Fats and Carbohydrate Intake with Cardiovascular Disease and Mortality in 18 Countries from Five Continents（PURE）：A Prospective Cohort Study," *The Lancet* 390, no. 10107（November 4, 2017）：2050–62.

8. Sarah J. Hallberg, Amy L. McKenzie, Paul T. Williams, et al., "Effectiveness and Safety of a Novel Care Model for the Management of Type 2 Diabetes at 1 Year：An Open-Label, Non-randomized, Controlled Study," *Diabetes Therapy* 9, no. 2（April 2018）：583–612.

9. This quote is attributed to Eric Verdin, the president and CEO of the Buck Institute for Research on Aging and a coauthor of a prominent paper on the ketogenic diet：John C. Newman, Anthony J. Covarrubias, Minghao Zhao, et al., "Ketogenic Diet Reduces Midlife Mortality and Improves Memory in Aging Mice," *Cell Metabolism* 26, no. 3（September 5, 2017）：547–57.

10. Matthew K. Taylor, Debra K. Sullivan, Jonathan D. Mahnken, et al., "Feasibility and Efficacy Data from a Ketogenic Diet Intervention in Alzheimer's Disease," *Alzheimer's & Dementia* 4（December 6, 2018）：28–36.

11. Michele G. Sullivan, "Fueling the Alzheimer's Brain with Fat," *Clinical Neurology News*, August 23, 2017, https://www.mdedge.com/clinicalneurologynews/article/145220/ alzheimers-cognition/fueling-alzheimers-brain-fat.

12. Cinta Valls-Pedret, Aleix Sala-Vila, Mercè Serra-Mir, et al., "Mediterranean Diet and Age-Related Cognitive Decline：A Randomized Clinical Trial,"

JAMA Internal Medicine 175, no. 7（July 2015）: 1094–103.

13. John C. Newman, Anthony J. Covarrubias, Minghao Zhao, et al., "Ketogenic Diet Reduces Midlife Mortality and Improves Memory in Aging Mice," *Cell Metabolism* 26, no. 3（September 5, 2017）: 547–57. See also Megan N. Roberts, Marita A. Wallace, Alexey A. Tomilov, et al., "A Ketogenic Diet Extends Longevity and Healthspan in Adult Mice," *Cell Metabolism* 26, no. 3（September 5, 2017）: 539–46.

14. Roberts et al., "A Ketogenic Diet Extends Longevity and Healthspan in Adult Mice."

15. John C. Newman and Eric Verdin, "β-Hydroxybutyrate : A Signaling Metabolite," *Annual Review of Nutrition* 37（August 2017）: 51–76.

第六章　洞穴人和工业人

1. James V. Neel, Alan B. Weder, and Stevo Julius, "Type II Diabetes, Essential Hypertension, and Obesity as 'Syndromes of Impaired Genetic Homeostasis': The 'Thrifty Genotype' Hypothesis Enters the 21st Century," *Perspectives in Biology and Medicine* 42, no. 1（Autumn 1998）: 44–74.

2. This timeline is adapted from John Pickrell, "Timeline : Human Evolution," *New Scientist*, September 4, 2006, https://www .newscientist.com/article/dn9989-timeline-human-evolution/.

3. Vincent Balter, José Braga, Philippe Télouk and J. Francis Thackeray, "Evidence for Dietary Change but Not Landscape Use in South African Early Hominins," *Nature* 489, no. 7417（September 27, 2012）: 558–60.

4. Laure Schnabel, Emmanuelle Kesse-Guyot, Benjamin Allès, et al., "Association Between Ultraprocessed Food Consumption and Risk of Mortality Among Middle-Aged Adults in France," *JAMA Internal Medicine* 179, no. 4（February 11, 2019）: 490–98.

5. GBD 2017 Diet Collaborators, "Health Effects of Dietary Risks in 195 Countries, 1990–2017 : A Systematic Analysis for the Global Burden of Disease Study 2017," *The Lancet* 393, no. 10184（May 11, 2019）: 1958–72.

6. Wolfgang Haak, Peter Forster, Barbara Bramanti, et al., "Ancient DNA from the first European Farmers in 7500-Year-Old Neolithic Sites," *Science* 310, no. 5750 (November 11, 2005): 1016 –18.

7. Michael Gurven and Hillard Kaplan, "Longevity Among Hunter-Gatherers : A Cross-Cultural Examination," *Population and Development Review* 33, no. 2 (June 2007): 321–65.

8. Michael P. Richards and Erik Trinkaus, "Isotopic Evidence for the Diets of European Neanderthals and Early Modern Humans," *Proceedings of the National Academy of Sciences of the United States of America* 106, no. 38 (September 22, 2009): 16034–39.

9. S. Boyd Eaton and Melvin Konner, "Paleolithic Nutrition—A Consideration of Its Nature and Current Implications," *The New England Journal of Medicine* 213, no. 5 (January 31, 1985): 283–89.

10. See "The Sugar Timeline," Hippocrates Health Institute, September 9, 2016, https://hippocratesinst.org/the-sugartimeline. See also T. L. Cleave, *The Saccharine Disease : Conditions Caused by the Taking of Refined Carbohydrates, Such as Sugar and White Flour* (Bristol : John Wright & Sons, 1974).

11. See all of Loren Cordain's work at https://thepaleodiet.com/. See also Loren Cordain, S. Boyd Eaton, Anthony Sebastian, et al., "Origins and Evolution of the Western Diet : Health Implications for the 21st Century," *The American Journal of Clinical Nutrition* 81, no. 2 (February 2005): 341–54.

12. Da Li, Wu-Ping Sun, Shi-Sheng Zhou, et al., "Chronic Niacin Overload May Be Involved in the Increased Prevalence of Obesity in US Children," *World Journal of Gastroenterology* 16, no. 19 (May 21, 2010): 2378–87. See also Shi-Sheng Zhou, Da Li, Wu-Ping Sun, et al., "Nicotinamide Overload May Play a Role in the Development of Type 2 Diabetes," *World Journal of Gastroenterology* 15, no. 45 (December 7, 2009): 5674–84.

13. Ibid.

14. Jared Diamond, "The Worst Mistake in the History of the Human Race,"

Discover, May 1, 1987, 64–66.

15. Ibid.

16. Yuval Noah Harari, *Sapiens : A Brief History of Humankind* (New York : Harper, 2015), 91–92.

17. Yujin Lee, Dariush Mozaffarian, Stephen Sy, et al., "Cost-Effectiveness of Financial Incentives for Improving Diet and Health Through Medicare and Medicaid : A Microsimulation Study," *PLOS Medicine* 16, no. 3 (March 19, 2019) : e1002761.

18. Gary Taubes, "Is Sugar Toxic?," *New York Times*, April 13, 2011.

19. Gary Taubes, *The Case Against Sugar* (New York : Knopf, 2016).

20. Robert Lustig, *Fat Chance : Beating the Odds Against Sugar, Processed Food, Obesity, and Disease* (New York : Hudson Street Press, 2012).

21. United States Department of Agriculture Economic Research Service, "Food Availability and Consumption," https://www .ers.usda.gov/data-products/ag-and-food-statistics-chartingthe-essentials/food-availability-and-consumption/.

22. Emily E. Ventura, Jaimie N. Davis, and Michael I. Goran, "Sugar Content of Popular Sweetened Beverages Based on Objective Laboratory Analysis : Focus on Fructose Content," *Obesity* 19, no. 4 (April 2011) : 868–74.

23. For a stunning review of chemicals that may cause obesity, see Bruce Blumberg, *The Obesogen Effect : Why We Eat Less and Exercise More but Still Struggle to Lose Weight* (New York : Grand Central, 2018).

第七章　用核桃和玉米喂养的牛

1. Penny M. Kris-Etherton, Thomas A. Pearson, Ying Wan, et al., "High-Monounsaturated Fatty Acid Diets Lower Both Plasma Cholesterol and Triacylglycerol Concentrations," *The American Journal of Clinical Nutrition* 70, no. 6 (December 1999) : 1009–15.

2. Fumiaki Imamura, Renata Micha, Jason H. Y. Yu, et al., "Effects of Saturated Fat, Polyunsaturated Fat, Monounsaturated Fat, and Carbohydrate on Glucose-Insulin Homeostasis : A Systematic Review and Meta-analysis of

Randomised Controlled Feeding Trials," *PLOS Medicine* 13, no. 7（July 19, 2016）: e1002087.

3. Maria Luz Fernandez and Kristy L. West, "Mechanisms by Which Dietary Fatty Acids Modulate Plasma Lipids," *The Journal of Nutrition* 135, no. 9（September 2005）: 2075–78. See also Olivia Gonçalves Leão Coelho, Bárbara Pereira da Silva, Daniela Mayumi Usuda Prado Rocha, et al., "Polyunsaturated Fatty Acids and Type 2 Diabetes: Impact on the Glycemic Control Mechanism," *Critical Reviews in Food Science and Nutrition* 57, no. 17（November 22, 2017）: 3614–19.

4. James V. Pottala, Kristine Yaffe, Jennifer G. Robinson, et al., "Higher RBC EPA + DHA Corresponds with Larger Total Brain and Hippocampal Volumes," *Neurology* 82, no. 5（February 4, 2014）: 435–42.

5. Z. S. Tan, W. S. Harris, A. S. Beiser, et al., "Red Blood Cell ω-3 Fatty Acid Levels and Markers of Accelerated Brain Aging," *Neurology* 78, no. 9（February 28, 2012）: 658–64.

6. See Framingham Heart Study, https://www.framinghamheart study.org.

7. Éric Dewailly, Carole Blanchet, Simone Lemieux, et al., "n-3 Fatty Acids and Cardiovascular Disease Risk Factors among the Inuit of Nunavik," *The American Journal of Clinical Nutrition* 74, no. 4（October 2001）: 464–73.

8. See Patricia Gadsby and Leon Steele, "The Inuit Paradox," *Discover*, October 1, 2004.

9. Cynthia A. Daley, Amber Abbott, Patrick S. Doyle, et al., "A Review of Fatty Acid Profiles and Antioxidant Content in Grass-Fed and Grain-Fed Beef," *Nutrition Journal* 9, no. 10（March 2010）.

10. Éric Dewailly was a Canadian epidemiologist who studied the Inuit paradox throughout his career, as well as the effects of contaminants on the environment in the Arctic. He is credited for calling Omega-3 polyunsaturated fats a "natural aspirin" to dampen inflammatory processes.

11. See Bodil Schmidt-Nielsen, *August and Marie Krogh: Lives in Science*（New York: Springer, 1995）.

12. Hans Olaf Bang and Jørn Dyerberg, "Lipid Metabolism and Ischemic Heart Disease in Greenland Eskimos," in *Advances in Nutritional Research*, edited by H. H. Draper (New York : Springer Science+Business Media, 1980), 1–22.

13. Cynthia A. Daley, Amber Abbott, Patrick S. Doyle, et al., "A Review of Fatty Acid Profiles and Antioxidant Content in Grass-Fed and Grain-Fed Beef," *Nutrition Journal* 9, no. 10 (March 2010) .

14. Christopher E. Ramsden, Daisy Zamora, Boonseng Leelarthaepin, et al., "Use of Dietary Linoleic Acid for Secondary Prevention of Coronary Heart Disease and Death : Evaluation of Recovered Data from the Sydney Diet Heart Study and Updated Meta-analysis," *The British Medical Journal* 346 (February 4, 2013) : e8707.

15. Michel de Lorgeril, Patricia Salen, Jean-Louis Martin, et al., "Mediterranean Diet, Traditional Risk Factors, and the Rate of Cardiovascular Complications After Myocardial Infarction : Final Report of the Lyon Diet Heart Study," *Circulation* 99, no. 6 (February 16, 1999) : 779–85.

16. Frank M. Sacks, Alice H. Lichtenstein, Jason H. Y. Yu, et al., "Dietary Fats and Cardiovascular Disease : A Presidential Advisory from the American Heart Association," *Circulation* 136, no. 3 (2017) : e1–e23.

17. Artemis P. Simopoulos, "The Mediterranean Diets : What Is So Special About the Diet of Greece? The Scientific Evidence," *The Journal of Nutrition* 131, no. 11 (suppl.)(November 2001) : 3065S–73S.

18. Ramón Estruch, Emilio Ros, Jordi Salas-Salvadó, et al., "Primary Prevention of Cardiovascular Disease with a Mediterranean Diet," *The New England Journal of Medicine* 368, no. 14 (April 4, 2013) : 1279–90.

19. Ramón Estruch, Emilio Ros, Jordi Salas-Salvadó, et al., "Primary Prevention of Cardiovascular Disease with a Mediterranean Diet Supplemented with Extra-Virgin Olive Oil or Nuts," *The New England Journal of Medicine* 378, no. 25 (June 21, 2018) : e34.

20. Michelle Luciano, Janie Corley, Simon R. Cox, et al., "Mediterranean-Type Diet and Brain Structural Change from 73 to 76 Years in a Scottish Cohort,"

Neurology 88, no. 5 (January 31, 2017) : 449–55.

21. Gretchen Benson, Raquel Franzini Pereira, and Jackie L. Boucher, "Rationale for the Use of a Mediterranean Diet in Diabetes Management," *Diabetes Spectrum* 24, no. 1 (February 2011) : 36–40.

22. Shusuke Yagi, Daiju Fukuda, Ken-ichi Aihara, et al., "n-3 Polyunsaturated Fatty Acids : Promising Nutrients for Preventing Cardiovascular Disease," *Journal of Atherosclerosis and Thrombosis* 24, no. 10 (October 1, 2017) : 999–1010.

23. Narinder Kaur, Vishal Chugh, and Anil K. Gupta, "Essential Fatty Acids as Functional Components of Foods—A Review," *Journal of Food Science and Technology* 51, no. 10 (October 2014) : 2289–303.

24. Asmaa S. Abdelhamid, Tracey J. Brown, Julii S. Brainard, et al., "Omega-3 Fatty Acids for the Primary and Secondary Prevention of Cardiovascular Disease," Cochran Database of Systematic Reviews, November 30, 2018.

第八章 鲸鱼、啮齿动物和吸烟者

1. For more, see https://www.afsc.noaa.gov/nmml/library/.

2. John C. George, Jeffrey Bada, Judith Zeh, et al., "Age and Growth Estimates of Bowhead Whales (*Balaena mysticetus*) via Aspartic Acid Racemization," *Canadian Journal of Zoology* 77, no. 4 (September 1999) : 571–80. See also Cheryl Rosa, J. Craig George, Judith Zeh, et al., "Update on Age Estimation of Bowhead Whales (*Balaena mysticetus*) Using Aspartic Acid Racemization," n.d., http://www.north-slope.org/assets/ images/uploads/SC-56-BRG6_ROSA.pdf.

3. Arkadi F. Prokopov, "Theoretical Paper : Exploring Overlooked Natural Mitochondria-Rejuvenative Intervention : The Puzzle of Bowhead Whales and Naked Mole Rats," *Rejuvenation Research* 10, no. 4 (December 2007) : 543–60. See also L. Michael Philo, Emmett B. Shotts Jr., and John C. George, "Morbidity and Mortality," in *The Bowhead Whale*, edited by John J. Burns, J. Jerome Montague, and Cleveland J. Cowles (Lawrence, KS : Society for Marine Mammalogy, 1993), 275–312.

4. For a review of her work and that of others, see J. Graham Ruby, Megan Smith,

and Rochelle Buffenstein, "Naked Mole-Rat Mortality Rates Defy Gompertzian Laws by Not Increasing with Age," eLife 7 (January 24, 2018) : e31157.

5.　S. Zhao, L. Lin, G. Kan, et al., "High Autophagy in the Naked Mole Rat May Play a Significant Role in Maintaining Good Health," *Cellular Physiology and Biochemistry* 33, no. 2 (2014) : 321–32.

6.　Edward J. Calabrese and Linda A. Baldwin, "Hormesis : U-shaped Dose Responses and Their Centrality in Toxicology," *Trends in Pharmacological Science* 22, no. 6 (June 2001) : 285–91.

7.　Michael Roerecke and Jürgen Rehm, "The Cardioprotective Association of Average Alcohol Consumption and Ischaemic Heart Disease : A Systematic Review and Meta-analysis," *Addiction* 107, no. 7 (July 2012) : 1246–60.

8.　Edward J. Calabrese and Mark P. Mattson, "How Does Hormesis Impact Biology, Toxicology, and Medicine?," *NPJ Aging and Mechanisms of Disease* 3, article no. 13 (2017) .

9.　Edward J. Calabrese and Linda A. Baldwin, "Hormesis as a Biological Hypothesis," *Environmental Health Perspectives* 106 (suppl. 1) (February 1998) : 357–62.

10. Gary E. Goodman, Mark D. Thornquist, John Balmes, et al., "The Beta-Carotene and Retinol Efficacy Trial : Incidence of Lung Cancer and Cardiovascular Disease Mortality During 6-year Follow-up After Stopping β -carotene and Retinol Supplements," *Journal of the National Cancer Institute* 96, no. 23 (December 2004) : 1743–50.

11. See "Welcome to the ATBA Study Web Site," National Cancer Institute, https://atbcstudy.cancer.gov.

12. Scott M. Lippman, Eric A. Klein, Phyllis J. Goodman, et al., "Effect of Selenium and Vitamin E on Risk of Prostate Cancer and Other Cancers : The Selenium and Vitamin E Cancer Prevention Trial (SELECT)," *The Journal of the American Medical Association* 30, no. 1 (January 7, 2009) : 39–51.

13. Eric A. Klein, Ian M. Thompson, Catherine M. Tangen, et al., "Vitamin E and the Risk of Prostate Cancer : The Selenium and Vitamin E Cancer Prevention

Trial (SELECT), " *The Journal of the American Medical Association* 306, no. 14 (October 12, 2011): 1549–56.

14. Volkan I. Sayin, Mohamed X. Ibraham, Erik Larsson, et al., "Antioxidants Accelerate Lung Cancer Progression in Mice, " *Science Translational Medicine* 6, no. 221 (January 29, 2014): 221ra15.

15. Kristell Le Gal, Mohamed X. Ibrahim, Clotilde Wiel, et al., "Antioxidants Can Increase Melanoma Metastasis in Mice, " *Science Translational Medicine* 7, no. 308 (October 7, 2015): 308re8.

16. Ewen Callaway, "How Elephants Avoid Cancer, " *Nature*, October 8, 2015, https://www.nature.com/news/how-elephants -avoid-cancer-1.18534. See also Lisa M. Abegglen, Aleah F. Caulin, Ashley Chan, et al., "Potential Mechanisms for Cancer Resistance in Elephants and Comparative Cellular Response to DNA Damage in Humans, " *The Journal of the American Medical Association* 314, no. 17 (November 3, 2015): 1850–60.

第九章　手指采血检测和食物清单

1. Congcong He, Michael E. Bassik, Viviana Moresi, et al., "Exercise-Induced BCL2-Regulated Autophagy Is Required for Muscle Glucose Homeostasis, " *Nature* 481, no. 7382 (January 26, 2012): 511–15.

2. Xiao Huan Liang, Saadiya Jackson, Matthew Seaman, et al., "Induction of Autophagy and Inhibition of Tumorigenesis by Beclin 1, " *Nature* 402, no. 6762 (December 9, 1999): 672–76.

3. Alicia Meléndez and Beth Levine and A. Meléndez, "Autophagy in *C. elegans*, " WormBook, August 24, 2009, http : //www .wormbook.org/chapters/www_autophagy/autophagy.html.

4. Y. He, Germaine G. Cornelissen-Guillaume, Junyun He, et al., "Circadian Rhythm of Autophagy Proteins in Hippocampus Is Blunted by Sleep Fragmentation, " *Chronobiology International* 33, no. 5 (2016): 553–60.

5. See National Sleep Foundation, https://www.sleepfoundation .org.

图片来源